퍼스컴 그래픽스에 의한 핵산과 단백질의 입체구조

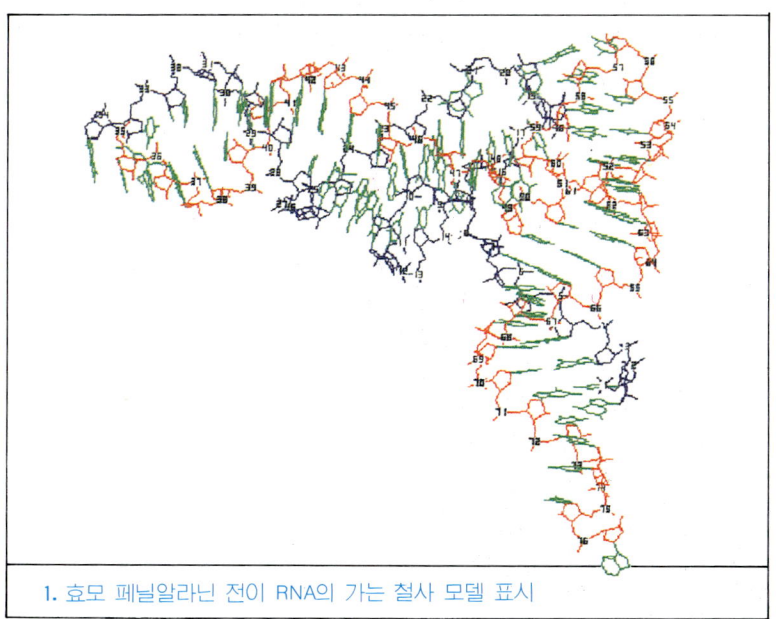

1. 효모 페닐알라닌 전이 RNA의 가는 철사 모델 표시

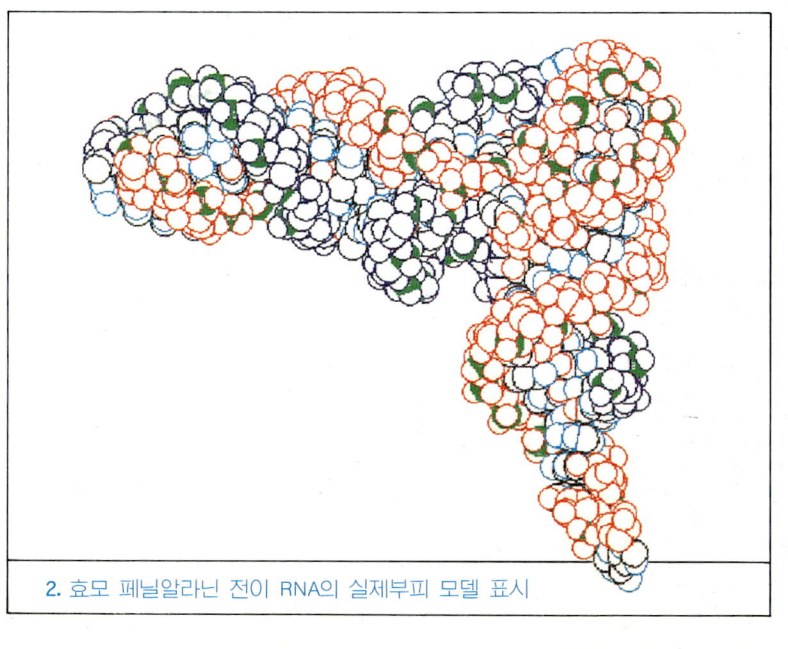

2. 효모 페닐알라닌 전이 RNA의 실제부피 모델 표시

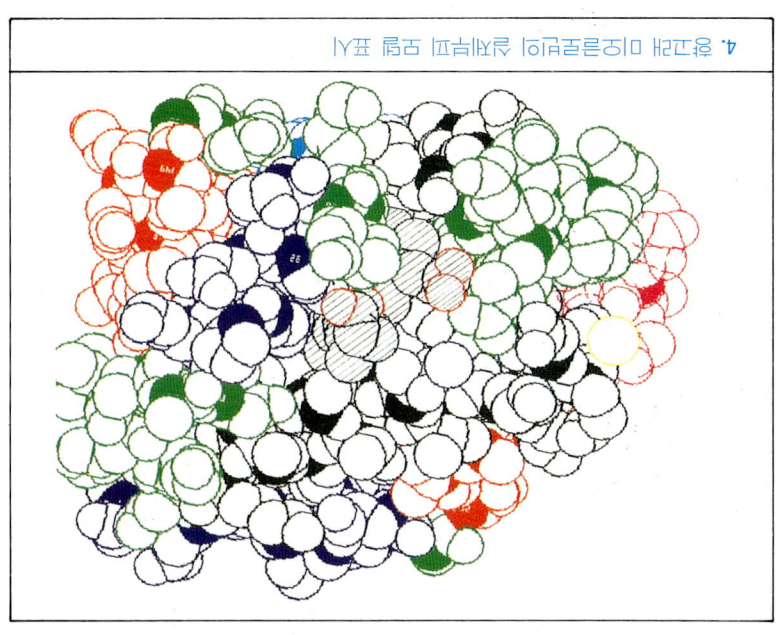

4. 혈고단백 미오글로빈의 정지화면 단면 표시

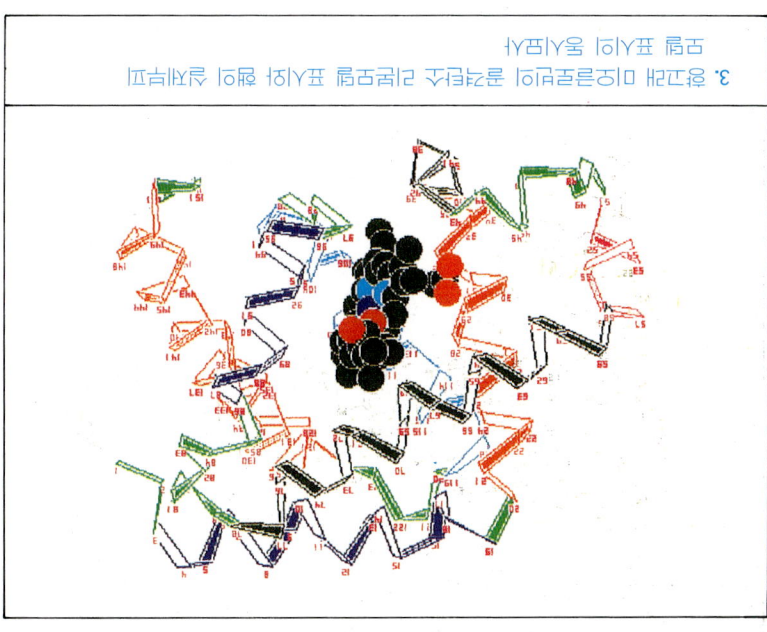

3. 혈고단백 미오글로빈의 공간충전 분자모델 표시와 헴이 정지화면
 인탈 표시의 동시 표시

바이오테크놀러지의 세계

지금 무엇을 겨냥하고 있는가 ?

와타나베 이타루 / DNA 연구소 엮음

손영수 옮김

전파과학사

バイオテクノロジーの世界
いま何をめざしているのか

渡邊 格 /DNA研究所編
日本國·講談社

【엮은이 소개】

와타나베 이타루(渡邊 格)/ DNA 연구소

와타나베 씨를 대표로 하는 DNA 연구소에서는 DNA를 기초로 하는 생명과학과 바이오테크놀러지의 발전에 기여하기 위해, 1984년부터 매월 한번씩 강사를 초빙하여 '생명과학(바이오테크놀러지) 연구회'를 계속하고 있다. 이 책은 그 강연의 일부를 정리한 것이다. 여기에 수록한 15명의 강사에 대해서는 각 장의 집필자로서 소개해 놓았다.

【옮긴이 소개】

손영수(孫永壽)

1926년생. 도서출판 전파과학사를 창립, 약 40년간 과학 계몽도서의 출판과 저술을 통해 번역 과학 대중화운동에 참여. 국무총리 표창, 한국과학저술인협회상, 서울특별시 문화상, 대한민국 과학기술진흥상 등을 수상. 한국과학사학회, 한국과학저술인협회, 한국과학교육회, 한국출판학회 회원.
역서로 『노벨상의 발상』, 『물리학의 ABC』등 50여 편이 있다.

머리말

　최근의 생명과학의 진보는 눈부신 것이 있다. 특히 생명의 가장 기본에 있는 유전자 DNA를 조작하는 '재조합 DNA 기술'이 태어난 1970년대 중엽 이후의 그것은 참으로 괄목할 만한 것이며, 생명과학의 연구는 바로 질풍노도의 시대로 접어들었다고 해도 될 것이고, 생명에 관한 지식은 날로 새로운 깊이와 확대를 보여주고 있다.

　이 새로운 생명과학은 제2차대전 후에 일어나서, 유전과 증식이라고 하는 가장 기본적인 생명현상을 미크로한 분자의 레벨에서 해명한 분자생물학의 빛나는 성과 위에 서서 재조합 DNA 기술, 세포 조작기술 등 생명을 조작하는 기술에 떠받쳐지면서 발전하고 있는 것이다.

　생물학은 긴 세월, 생물이 보여 주는 여러 가지 현상을 '바깥으로부터' 관찰하는 것을 주체로 삼아 진보해 왔는데, 새로운 생명과학은 이와 같은 예로부터 내려온 생명과학과는 성격이 크게 달라지고 있다. 그것은 '안으로부터' 생명현상을 관찰하는 일, 바깥으로부터가 아니라 생명의 가장 기본으로 되어 있는 '안에 있는 DNA'로부터 출발하여 바깥의 생명현상을 관찰해 가자는 것이다.

　이 DNA로부터 출발하는 '안으로부터의 생물학'을 가능하게 만든 것의 하나는 생명조작 기술의 발전이라고 생각된다. 생명위 조작에는 여러 가지 레벨이 있다. 생명의 기본에는 유전자 DNA가 있는데, 현재 우리는 DNA 그 자체를 가까스로 조작할 수 있게 되었다. '재조합 DNA 기술'이 그것이다.

　세포의 레벨에서도 현재의 '세포융합기술'이 주가 되는데, 어쨌든

6 머리말

조작이 가능하다. 또 수정란이나 착상 이전의 초기 배(胚)를 조작할
수도 있다. 또 최근에는 뇌세포를 이식하여 노화한 학습능력을 회복
시키려는 이른바 '뇌조작'의 시도도, 아직은 비록 쥐를 이용하는 단계
이지만 이루어지고 있다.

안으로부터 즉 DNA로부터 출발하여 위로 올라가는, 또는 바깥으
로 향하는 조작기술은 아직도 매우 초보적인 단계로서 우리가 뜻하
는 바와 같은 조작이 반드시 가능하다고는 말할 수 없다. 그러나 조
작을 함으로써 생명현상을 뒤흔들어, 새로운 일들을 포착하여 한걸음
씩 안으로부터 바깥으로 향해 나가려는 것이 현재의 새로운 생명과
학의 모습이 아닐까 하고 생각한다.

이같이 생명 조작기술은 본래의 생명과학의 연구를 추진하는 상에
서 필수적인 수단으로써 개발되었던 것이지만, 그것이 기술인 이상
새로운 바이오테크놀러지로서 산업적으로 응용되기 시작하고 있는
것도 또 당연한 추세이며, 이 바이오테크놀러지는 장래의 산업을 지
탱하는 키 테크놀러지가 될 수 있는 것으로서 커다란 기대를 걸고
있다. 또 생명과학과 바이오테크놀러지의 발전에 의하여 장래 의료,
농업 및 공업에 혁신적인 변혁이 일어날 것으로 예상되고 있다.

그러나 생명과학 또는 이 새로운 바이오테크놀러지는 물리학, 화
학, 생물학, 의학, 농학 등의 각 전문영역의 울타리를 걷어치운 데서
발전해 온 것이며, 종단적인 편파성이 강한 일본에서는 그 전체의 모
습이나 동향을 올바르게 파악한다는 것이 결코 쉽지 않았던 것으로
생각된다.

필자는 오랜 세월을 일본의 분자생물학의 건설에 힘써온 사람이지
만, 일찍부터 생명과학 또는 바이오테크놀러지를 일본에서 건전하게
발전시켜 나가기 위해서는 어떠한 횡단적인 모임이 필요하다고 생각
했고 또 강력히 주장해 왔다.

3년 전에 'DNA연구소'라고 하는 작은 조직을 만들어, 그 사업의

일환으로서 생명과학과 바이오테크놀러지에 관한 내외의 초신 정보를 제공하고, 그것을 중심으로 의견의 교환 등을 하는 '생명과학(바이오테크놀러지) 연구회'를 시작한 것도 전부터 품어 왔던 생각을 구체화하고 싶다는 의도에 바탕하는 것이었다.

이 연구회는 민간기업을 회원으로 하는 것이지만 다행하게도 많은 기업, 생명과학과 그 관련분야의 제일선에서 활약하고 계시는 연구자와 행정담당관들의 협력과 지원을 얻게 되어 오늘날까지 무사히 경과하면서 일단은 성과를 거둘 수 있었던 것으로 생각하고 있다.

이 연구회에서는 지금까지 의학, 의료, 농학, 농업, 약학, 발생공학, 뇌생리학, 행동학, 암, 바이오일렉트로닉스, 단백질공학, 효소공학, 난치병 등 생명과학과 바이오테크놀러지에 관련되는 폭넓은 테마를 다루었고 또 관련 각 기관에서의 추진책에 대해서도 연구해 왔다.

이 가운데 15가지 테마를 선정하여 강연기록에 가필·정정을 가하여 엮어낸 것이 이 책이다. 조금이라도 많은 분들에게 생명과학과 바이오테크놀러지의 최신 동향, 나아가서는 앞으로의 전망 등에 대해서 알아 주셨으면 하는 것이 출판의 의도이다.

바쁘신 가운데에 강연기록의 가필·정정을 위해 귀중한 시간을 쪼개 주신 집필자 여러분에게 두터운 감사를 드린다. 또 출판에 즈음하여 여러 가지로 수고를 해주신 DNA 연구소 주간 야마구치(山口雅弘) 씨 및 고단샤(講談社) 과학출판부의 고에다(小枝一夫), 다나베(田邊瑞雄) 두 분에게도 깊이 감사드린다.

DNA 연구소 대표   와타나베 이타루

(주 : 본문 중의 * 표를 붙인 용어는 책 뒤의 기본용어해설에서
간단하게 설명하였다.)

차례

머리말 • 5

1. 최근의 생명과학의 동향 • 11
2. 핵산 · 단백질의 입체구조와 퍼스컴 그래픽스 • 25
3. 생명공학과 바이오일렉트로닉스 • 37
4. 식물조직 배양과 물질생산 • 49
5. 식물의 바이오테크놀러지 • 59
6. 식물에서의 유전자공학의 현황 • 73
7. 유전자공학과 의학 • 85
8. 화학으로부터 본 새로운 DNA 연구 • 99
9. 의료분야에서의 바이오테크놀러지의 진전 • 113
10. 뇌와 시냅스 • 125
11. 모노클로날 항체와 의학 이용의 현상과 장래 • 137
12. 단백질은 살아 있다 • 149
13. 유전병의 치료를 둘러싸고 • 163
14. 발생공학의 현상과 장래 • 177
15. 뇌와 행동 • 189

□ 기본용어 해설 • 201

1。 최근의 생명과학의 동향

얼마 전까지의 생명과학은 바이러스와 미생물을 사용한 연구가 많았으나, 커다란 흐름으로서는 동물이나 식물, 또는 인간으로 향하는 방향으로 되어 왔다. 그것에 수반하여 바이오테크놀러지도 박테리아 뿐 아니라, 동식물 세포 또는 동식물 개체를 사용하는 방향으로 향하고 있다.

생명과학의 유력한 연구수단인 재조합 DNA 기술은 바이오테크놀러지의 중심적 기술로서도 중요시되고 있는데, 이것은 여태까지처럼 미생물을 사용한 발효공업, 미생물공업의 응용뿐 아니라, 농업이나 의료 나아가서는 공업 등의 분야에 응용되려 하고 있다.

Itaru WATANABE(渡邊 格)

일본 게이오의숙대학(慶應義塾大學) 명예교수, 이학박사, 의학박사.

[약력] 1940년 도쿄제국대학(東京帝國大學) 이학부 화학과 졸업, 1956년 도쿄대학 교수, 1969년 교토대학(京都大學) 교수, 1963년 게이오의숙대학 교수를 역임.

[전공] 분자생물학. [주된 저서] 『인간의 종언』, 『생명의 나선계단』, 『생명과학의 세계』, 『세포의 사회』등 다수.

1. 바이오테크놀러지의 목표는 무엇인가?

나는 몇해 전부터 「DNA 생물학」, 「DNA 의학」이라는 말을 사용하고 있는데, 그것은 생명의 근원에 있는 유전자 DNA*(데옥시리보핵산)를 중심으로 하여 DNA로부터 출발한 새로운 학문 또는 테크놀러지가 가능해지고, 또 수확이 많다는 의미에서 그런 말을 사용하고 있는 것이다.

현재까지의 바이오테크놀러지는, 대체로 말하면 케미컬한 물질생산이라고 하는 것이 하나의 커다란 흐름으로 되어 있는데 그 방향은 조금씩 변화하여 왔다고 생각된다.

이를테면 새로운 생물체를 만든다는 것은 굳이 물질생산만의 문제가 아니다. 또 뇌의 문제인 지능이라든가 정신현상도 생명과학 또는 바이오테크놀러지의 큰 목표로 되어 갈 것이다.

그런 일까지를 포함하여 생각해 보면 '생명공학'이라고 하는 말이 타당할지 어떨지 모르지만, 현재 미생물공업 또는 발효공업에서 이루어지고 있는 재조합 DNA 기술은 공학이라고 말하기에는 거리가 멀

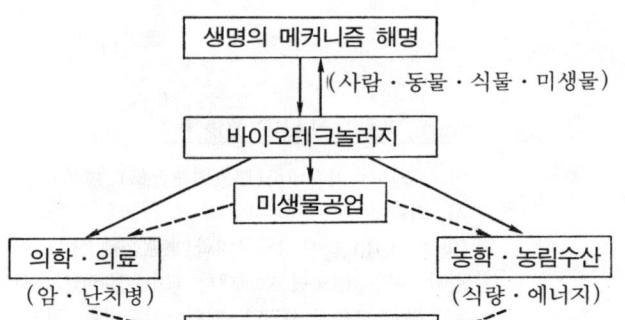

그림 1-1. 생명과학의 목표

고, 종전의 미생물공업의 개량 정도에 불과한 것이라고 생각된다.

'공학'이라고 말하려는 것이라면 무엇인가 새로운 것을, 이를테면 지금까지는 없었던 단백질을 새로이 디자인하고 그것을 만들어 가는 것이어야 하는데, 현재로서는 그런 지식이 충분하지 못하다. 생명현상을 공학적인 입장에서 생각해 가는 것이 장래의 커다란 문제가 되는데, 이것에 관해서는 현재 뚜렷한 목표가 제시되어 있지 않은 듯이 생각된다.

2. 새로운 생명공학의 발전을 위한 새로운 규제를 어떻게 할 것인가?

최근 세계적으로 보아서 재조합 DNA 실험에 대한 가이드라인(규제)이 대폭으로 완화되는 추세에 있다. 그것은 그렇다고 치고, 현재는 재조합 DNA 실험 자체가 아니라 재조합 DNA 기술에 의해서 어떤 유전적인 성질을 갖는 DNA가 부가된 생물(재조합체)을 사용하는 데에 대한 규제를 어떻게 하느냐 하는 새로운 문제가 생기고 있다.

이 문제는 크며 사회적인 문제를 포함하고 있다. 구체적으로 예를 들면 그중 하나는 재조합 DNA 기술에 의하여 새로운 성질이 부가된 미생물(재조합체)의 대량 배양의 규제를 어떻게 하느냐 하는 것이다.

재조합체를 만들기까지의 규제와 만들어진 재조합체를 대량 배양하는 것의 규제는 구별해야 한다고 하는 것이 나의 주장이지만, 또하나의 재조합 DNA 기술이 차츰 농업분야로 응용되게 되면 재조합 DNA 기술로 만들어진 식품을 개방계(開放系)에서 사용할 수 없게 되는데 그것에 대한 규제를 어떻게 하느냐 하는 문제이다.

14

이것도 앞에서 말한 미생물의 대량 배양과 마찬가지로 재조합 DNA 기술 자체와의 규제와는 약간 차원이 다른 문제이다. 또 장래의 문제로서 이 방향의 연구가 진행되면 그 성과를 의료에 사용하려는 움직임이 당연히 나올 것이다. 이를테면 재조합 DNA 기술에 의한 유전병의 치료 등, 의료에 이 기술을 응용하는 것이 내일의 문제로서 발생한다. 그것과 관련하여 윤리문제가 발생하게 될 것이다.

일본에서는 매우 추상적인 형태로서 윤리문제가 논의되고 있는데, 구미에서는 재조합 DNA 기술을 의료에 사용하는 것은 내일의 과제라고 하는 인식을 바탕으로, 그것에 대한 사회의 콘센서스(일치)를 얻는 데는 어떻게 하느냐 또는 어떠한 스텝을 밟아야 할 것인가 라는 구체적인 형태로 윤리문제가 발생하고 있다.

제 2 기로 향하는 재조합 DNA 기술과 관련하여 물론 동식물의 개체에 DNA 단편을 이식하는 일도 있으나, 그것에 의하여 새로운 성질이 부가된 동물을 어떻게 다루며, 어떻게 처리하느냐 하는 것이 문제가 되는 것이다.

그것에 대해서 그것만을 규제할 것이냐, 아니냐 하는 근본 문제가 있다.

농작물에 대해서도 한편에서는 재조합 DNA 기술로 만든 새로운 식물에 대해서만 엄격한 규제를 하면 된다는 생각과, 또 한편에서는 재조합 DNA 기술로 만들건, 종전과 같은 인위적인 돌연변이에 의해서 만들건 또 외국으로부터 새로이 도입한 것이건 새로운 작물은 모두 마찬가지로 주의해야 할 것으로 인식하고 전체에 적용될 만한 타당한 기준을 정해야 할 것이라는 생각이 있다.

앞으로 바이오테크놀러지를 올바르게 발전시키기 위하여 이 정도의 전망을 세워 둘 필요가 있고 현재의 하나의 초점이 되고 있다.

이를테면 새로운 식물 또는 미생물을 개방계에서 사용할 경우, 무

엇을 안정성의 지표로 삼는가가 문제이다. 이것과 관련하여 미국에서 서리의 피해를 막기 위해 개발된 미생물의 야외실험이 환경론자인 리프킨의 고발에 의해서 한때 중지되는 사례도 있었다.

보통의 농작물은 사람의 손으로 보호하지 않으면 살아갈 수 없는 약한 식물이며, 재조합 DNA 기술 등에 의해서 개량을 가해도 역시 약하다. 미생물의 경우도 그러하며 재조합 DNA 기술로 개량한 미생물은 사람이 애정을 가지고 다루지 않으면 살아가지 못한다.

일반적으로 말하여 생물을 설사 재조합 DNA 기술에 의하여 다소 새로이 성질이 부가되더라도 적당히 가려 살기 때문에 생태계를 파괴하는 것은 아니다 라고 하는 것이 생물학자의 사고 방식이다. 그렇지만 이것은 생물학자의 직관과 같은 것이므로, 학문적으로 더구나 일반사람의 납득을 얻을 수 있는 형태로 개방계로 내놓을 경우의 조건을 명확히 할 필요가 있다.

또 하나는 의료분야인데, 일본에서는 의사가 사회적 문제를 일으키고 싶어하지 않기 때문에 새로운 일을 하고 싶어 하지 않는 경향이 있다. 이를테면 어떤 유전병의 치료방법으로서 환자로부터 끄집어낸 골수세포를 재조합 DNA 기술에 의해서 치유하고 본디로 뒤돌려 놓는 방법이 구미에서는 열심히 연구되고 있는데, 일본에서는 거의 연구되고 있지 않다. 유전병 이외의 난치병에 대해서도 일본에서는 그 치료법의 연구가 열심히 이루어지고 있다고는 말하기 어렵다.

구미에서는 그러한 것이 다음 번의 의학의 목표라고 생각되고 있는데, 역시 재조합 DNA 기술의 응용일 바에는 일반사람들의 콘센서스를 얻을 필요가 있다. 그런 의미에서 구미에서는 대통령 또는 수상의 자문기관으로서 의학·생물학의 윤리문제를 검토하는 위원회가 설치되어 논의가 진행되고 있다. 그러나 유감스럽게도 일본에는 그것에 해당하는 기관이 없다.

난치병 대책 특히 유전병의 치료를 어떻게 하느냐 하는 것은 극히 중요한 문제이데, 일본에서는 현재 우생학적(優生學的) 사상이 강하고, 출생 전에 유전병의 진단이 나온다면 임신중절을 하면 된다고 보통 생각하는 것 같다. 그러나 구미에서는 반드시 그런 것은 아니며 유전병을 치료하기 위한 기초 연구가 적극적으로 추진되고 있다.

농업관계에 대해서 보면, 국제적으로는 재조합 DNA 기술 등 바이오테크놀러지의 농업으로서의 응용의 중요성이 논란되고 있는데, 일본의 이들 혁신기술을 이용하여 농업을 비약적으로 발전시키는 일이 아직 정책적으로 뚜렷이 내세워져 있지 않다는 점도 있어서 연구자 수준에서도 힘을 쏟는 경향이 약하다고 할 수 있다.

앞으로 바이오테크놀러지를 발전시키는 위에서 우리 나라에서는 미생물공업, 발효공업에서는 국제적으로 선두에 서서 해나갈 수 있을 것이라고 생각하는데, 농업이나 의료에 응용하는 데는 국가의 확고한 정책이 제시되고 또 국민의 합의가 얻어지는 일이 없으면 발전하기 어려운 것이 아닐까 하고 생각한다.

규제도 규제이지만, 어떻게 추진하느냐 하는 방침이 확실하지 않으면 구미에 크게 뒤지게 될지도 모른다. 참고로 이스라엘에서는 바이오테크놀러지의 목표를 식량문제 하나로 집약하고 있다.

3. 새로운 생명과학의 필요성

지금까지 '라이프 사이언스', '생명과학', '생물과학', '바이오테크놀러지', '바이오사이언스'……등 여러 가지 명칭이 사용되어 왔는데, 이것이 일본의 실정을 잘 나타내고 있다. 10년 전에는 '라이프사이언스'라는 말이 자주 사용되고 문부성(文部省) 계통에서는 기초학문이라는 의미를 포함시켜 '생명과학'이라는 호칭이 사용되었다.

'라이프 사이언스'와 생명과학은 책에서는 상당히 뉘앙스가 다르다. 단순한 번역어가 아니다. 생물과학이라는 말은 종전의 생물학과 새로운 생물학을 구별하기 위해서 사용되었던 것이다.

현재 활발하게 사용되고 있는 '바이오테크놀러지'라는 말에도 문제가 있다. 바이오테크놀러지라고 말할 때, 어디까지를 기초로 포함시켜 생각하는 것인지가 분명하지 않은 점이 있다. '바이오사이언스'는 최근에 국제적으로 사용되고 문부성 계통에서도 사용하기 시작한 말이다. 이와 같이 여러 가지 말이 쓰여지게 되면 점점 초점이 흐려져 가는 느낌을 부인할 수 없다.

나는 나의 입장으로부터 'DNA 농학'이니 'DNA 의학'이니 하는 말을 사용하고 있는데, 그것은 DNA로부터 출발하는 학문이며 기술이라고 하는 의미로서, 말하자면 '안으로부터의 생물학'인 셈이다.

물리학에서도 예로부터의 '바깥으로부터의 물리학'과 최근의 원자핵이나 전자로부터 출발하는 '안으로부터의 물리학'이 합체하여 현재의 물성물리학(物性物理學)이 완성되었는데, 생물학도 종전의 관찰을 중심으로 한 '바깥으로부터의 생물학'과 생명의 근원인 DNA를 중심에 앉힌 '안으로부터의 생물학'의 경계를 어떻게 하느냐가 앞으로의 중요한 과제이다. 그러나 그 이전의 문제로서 일본에서는 '안으

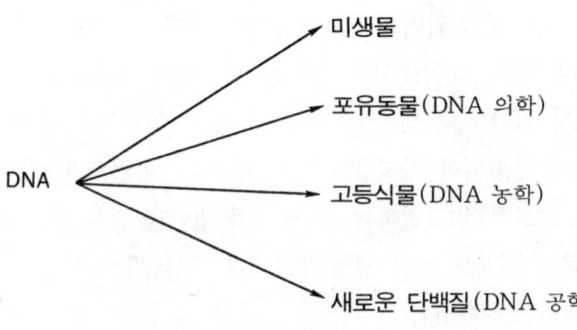

그림 1-2. DNA를 중심으로 한 '안으로부터의 생물학'의 방향

로부터의 생물학'이라고 하는 개념조차도 분명히 인식되어 있지 않은 것이 실정이다.

분자생물학은 다윈의 진화론을 물질적으로 확립했다는 점에서 큰 의미가 있는데, 여기에 대해 구미에서도 상당한 사상적 또는 심리적인 반발이 지금도 남아 있다. 일본에서도 마찬가지이다. 그런데도 구미에서는 1960년대 초부터 분자생물학의 교실이나 연구소가 각 곳에 생기고 대학의 교육체제도 바뀌어 '안으로부터의 생물학'의 세례를 받은 연구자가 많이 육성되어 있다.

그러나 일본에서는 '안으로부터의 생물학'의 세례를 받은 것은 고교시절에 새로운 생물학의 교육을 받은 젊은 사람들만이고(이같은 젊은 사람도 대학에 들어가면 또 '바깥으로부터의 생물학'의 교육을 받고 있다), 현재 30세 이상인 사람은 그 세례를 받지 않았다. 이런 사람들은 심리적 반발을 안으로 품으면서 바이오테크놀러지의 연구를 하고 있는 듯이 생각된다.

'안으로부터의 생물학'에 확신을 가진 젊은 사람이 자라날 때까지 일본에서는 진정한 의미의 바이오테크놀러지는 진전되지 못하는 것이 아닐까 하고 생각하는 것이다.

일본에서는 특히 대학에서의 교육체제의 개혁이 뒤지고 있으며, 새로운 생물학이 확립되어 있지 않는 점에 문제가 있다. 이것을 확립하려면 여태까지의 대학에서의 강좌를 확장하는 것만으로는 불가능하고, 반드시 의학부, 농학부, 이학부, 공학부, 약학부의 구별이 없는 학부학과에서 분할되어 있지 않으므로 바이오사이언스와 바이오테크놀러지를 안으로부터 관찰하는 새 구상의 대학을 만들 필요가 있다. 적어도 도쿄를 경계로 하는 관동(關東)과 관서(關西)에 한 개 학교씩은 만들어야 할 것이다.

4. 생명과학의 수수께끼

'안으로부터의 생물학'이라고 하는 관점에 서서 현재 문제가 되는 것은 우선 DNA를 기반으로 하는 지구형 생물이 어떻게 해서 생겼느냐 하는 생명의 기원의 문제이다. 이것은 현재는 완전히 수수께끼이다.

이 지구상에서 생명이 탄생했다는 생각과, 그렇지 않고 지구 밖의 어딘가에서 최초의 생명이 태어나고 그것이 지구로 날아와서 정착했다고 하는 생각이 성립될 수 있는데, 우주의 시초부터 생명이 있었다고는 아무도 생각하고 있지 않다. 우주가 탄생하고부터 상당히 지나간 뒤 생명이 태어난 것은 확실하겠지만, 그것이 지구상에서 만들어졌다는 증거는 아무것도 없다.

조건만 갖추어진다면 반드시 생물이 만들어지느냐 하면 사실 이것도 알 수 없다. 현재로서는 생명은 일종의 물질현상인 것은 명확하지만 그 유래는 전혀 알지 못한다. 그것은 어쩌면 물질현상 속의 '특이점'(特異點)에서 굉장히 우연한 기회에 생명이 태어났을지도 모를 일이다.

우주 속의 블랙 홀 같은 것과 비슷하여 생명의 탄생은 매우 이상한 물질현상이었을는지도 모른다. 어쨌든 생명의 기원의 수수께끼는 깊어지기만 할 뿐이다.

다음에 세포는 무엇이냐 하는 것이 현재의 새로운 생물학에서는 큰 문제가 되고 있다. 분자생물학에 의해서 생명의 근원은 DNA라고 하는 분자이며, DNA를 중심으로 하는 생명현상의 기본적인 메커니즘이 해명되었다.

DNA라고 하는 분자까지 내려갔다가 지금 우리는 '위'로 되돌아가

려 하고 있는 셈인데, 그때의 최초 목표는 세포란 무엇이냐 하는 것으로서 그 정체를 새로운 눈으로써 밝히는 일이 필요하다.

그리고 또 윗단계, 다세포생물의 멋진 조직이 어떻게 성립되어 있느냐 하는 수수께끼가 있다. 이것도 종래의 분화, 발생학의 방법으로는 해명이 불가능하며 역시 새로운 방법론이 필요할 것이다.

다세포생물의 오늘날에 있어서의 커다란 과제의 하나는 면역계(免疫系)의 문제이다. 다세포생물의 아주 교묘하게 되어 있는 면역계가 발생과정에서 어떻게 구체적으로 만들어져 가느냐는 것을 밝히는 것이 중요한 연구 테마로 되어 있다. 이것과 관련하여 질병, 특히 암이나 유전병의 해명이 중요한 과제이다.

그리고 그 다음에는 뇌와 신경계의 문제가 커다란 과제로서 기다리고 있다.

5. 생명과학의 방법론

DNA나 RNA*, 단백질*이라고 하는 물질의 수준에서 연구하는 물질적 연구라고 하는 방법론이 있다. 또 DNA나 RNA, 단백질을 유전적 정보계로서 해명하는 유전적 연구도 현 시점에서의 방법론으로서는 빼놓을 수 없다.

그러나 앞으로 필요하게 되는 것은, 말하자면 '시스템적 연구'라고도 할만한 것이다. 이를테면 뇌의 문제를 들어보면, 뇌세포가 많이 모여서 뇌로서의 기능이 발휘되고 있는 셈인데 그것을 종래의 생화학적 방법 또는 유전적 방법만으로 해명하기는 어렵다. 아무래도 뇌를 하나의 '시스템'으로서 해명해 나갈 필요가 있다. 이 경우 면역계의 연구가 큰 참고가 될 것이다.

세포의 경우도 그러하며 세포를 하나의 시스템으로서 생각해 나간

1. 최근의 생명과학의 동향 *21*

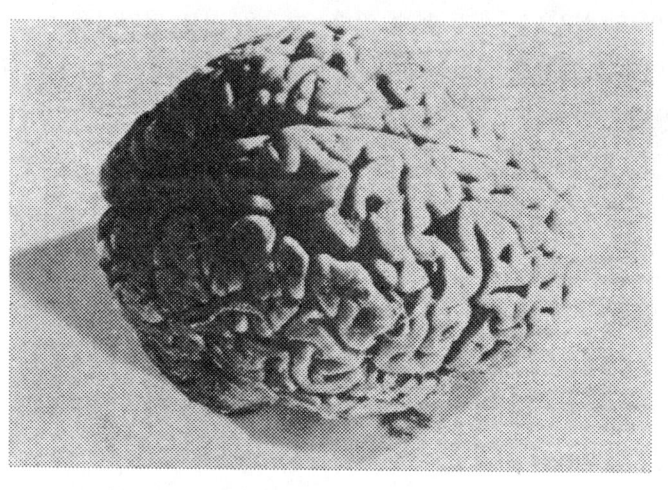

그림 1-3. 생명과학의 목표는 뇌-정신의 해명이다.

다. 이것은 DNA나 RNA라고 하는 단순한 물질영역의 문제가 아니
다. 그런 문제를 연구해 나가는 이상 아무래도 컴퓨터적인 연구 수단
이 필요하게 되는데 아직은 확실한 목표가 서 있지 않다.

현재 연구체제의 충실에 의해서 DNA의 보다 상세한 연구가 두드
러지게 진보하고 있지만, 그 DNA의 유전정보에 의해서 만들어지는
단백질에 대해 현재는 아직 많은 일을 말할 수 있는 단계가 아니다.

이 문제의 초점은 단백질의 구조에서 어떤 아미노산 배열을 한 단
백질이 어떤 고차구조로 되어서 어떤 기능을 하는가를, 말하자면 '안'
으로부터 즉 DNA로부터 아미노산 배열 그리고 그것의 입체구조로
의 위로 가는 방향에서 해명해 나가는 것이 요망되는데, 이것은 현재
로서는 불가능하다.

아미노산의 배열을 알면 반드시 이러한 고차구조를 취한다는 것을
지금의 지식으로는 말할 수 없기 때문이다.

이를테면 100개의 아미노산이 연결된 단백질을 들어보면 상당한

종류의 고차구조를 생각할 수 있다. 그것을 전부 점검하여 어느 것이 사실인가를 경정해 나가는데, 이것을 결정하는 데는 컴퓨터를 사용하지 않으면 안된다.

분화·발생의 문제만 하더라도 분화가 진행함에 따라서 세포의 시스템이 어떻게 변화해 가는지 그 시스템의 방대한 가능성을 생각하면서 정리해 가는 데 아무래도 컴퓨터의 도움이 필요하다.

현재 분자생물학이건 생명과학이건 간에 케미컬한 연구에 중점을 두고 있는데, 한 걸음 더 나아가 시스템적 연구를 하는 데는 현재의 컴퓨터로서 가능할지 어떨지는 알 수 없으나, 어쨌든 컴퓨터의 힘을 빌리지 않고서는 안된다. 그러나 현재로서는 이렇다 할 전망이 얻어지지 않고 있다.

6. 생명과학의 성격과 목표

생명과학의 커다란 목표는 결국 뇌-정신의 해명이라 할 수 있겠다. 물론 그 사이에는 인간의 신체의 문제 특히 면역계의 문제, 암의 치료라든가 유전병의 치료 등의 과제가 있으며, 저마다가 각기 큰 의미를 지니고 있지만 궁극적으로는 육체의 문제를 통해서 역시 뇌의 문제로 도달하는 것이 아닐까? 그리고 사람으로서의 마땅히 있어야 할 모습이 탐구되게 될 것이다.

의·식·주를 확보하고 나서의 건강한 육체 나아가 건전한 정신으로라고 하는 것이 생명과학 및 바이오테크놀러지의 목표가 될 것이다. 그러한 전망 위에서 오늘날의 바이오테크놀러지의 목표는 의료 외에 식량생산— 값싼 식량을 대량으로 만드는—, 나아가서는 공학 분야— 이를테면 바이오컴퓨터— 에서 어떻게 발전시켜 나가느냐 하는 것이 되는데, 거기로 향하는 길은 현재로서는 트여 있다고는 말할

수 없다.

지금 요망되는 것은 앞으로 일본은 무엇을 해야 할 것인지 국가의 목표설정을 명확히 하는 일일 것이다.

2. 핵산, 단백질의 입체구조와 퍼스컴 그래픽스

지상의 생물은 단백질과 핵산을 중심으로 한 생명 시스템을 구성하고 있다. 그 입체구조를 이해하게 되면서 유전, 진화, 생리, 면역 등의 기초과정에 대한 이해가 진전되고 있다.

그동안 입체구조의 연구는 착실하게 진전되어, 컴퓨터의 진보에 지탱된 분자 그래픽스가 진보하여, 저자는 퍼스컴에 의한 단백질, 핵산의 입체구조를 자유로이 묘사하는 일을 가능하게 했다. 구조와 생물기능의 관계에 대한 이해가 심화되고, 유전자의 재조합 조작과 짝을 이루어 단백질 기능의 개조에 착수하게 되어, 생물기능의 원점에 대한 이해와 그것에다 토대를 두는 기능개조의 분자설계가 구체화되기 시작했다. 분자생물학과 직결된 퍼스컴 분자그래픽스의 발전을 소개하면서 그 전망을 정리해 본다.

Koujiro ISO(磯晃二郎)

일본 도쿄지케이회(東京慈惠會) 의과대학 객원교수, 도쿄대학 명예교수. [경력] 1948년 도쿄대학 이학부 화학과 졸업, 1970년 도쿄대학 교수, 1985년 정년 퇴임, 같은 해부터 현직에 이름. [전공] 분자생물학, 분자 모델링과 퍼스컴 분자그래픽스를 개발. [주요 저서] 『퍼스컴 그래픽스─단백질, 핵산』

1. 생명과학의 원점

20세기 후반에 들어와서 생명과학이 크게 자연과학의 근본 존재양식에 영향을 끼쳐 왔다. 최근 30년간의 움직임을 보면, 그 원점은 생체를 구성하고 생명현상을 영위하고 있는 기본물질인 단백질*과 핵산*의 3차원 입체구조의 연구에 있는 듯이 생각된다.

그것은 단순히 화학의 연장으로서의 단백질이나 핵산의 연구가 아닌 점에 큰 의미가 있다. 이같은 학문적 입장은 '분자생물학'이라고 불리고 있는데, 분자생물학은 단백질, 핵산의 입체구조의 정밀화에 그치지 않고 나아가 그 입체구조와 생명현상(생물기능)과의 관계 해명을 지향하여 움직이기 시작하여, 생물진화에서의 그 변화 양상과 복잡화 등의 내용을 선명히 하고, 나아가 그 발생과정의 이해를 심화시켜 왔다.

그리고 생명현상 중에서도 유전현상에다 시점(視點)을 두어, 그것을 철저하게 이해하는 것을 목표로 현재까지 진보해 왔다. 그 과정 가운데서 오늘날의 유전자 공학이 태어났으며, 또 면역학과 신경생리학 등의 기초 이해가 급속한 진보를 이룩하기에 이르렀다.

단백질과 핵산의 3차원 입체구조의 연구 자체도 생명과학의 발전에 동기를 부여하고 발단을 제공했을 뿐 아니라, 그 자체가 착실하고도 큰 진보를 이룩했다. 1953년에 왓슨(J. D. Watson)과 크릭(F. H. C. Crick)의 DNA 이중나선 모델이 제안되었는데 그것은 어디까지나 모형이었다. 그것이 실재하는 것이 실험적으로 입증된 것은 20년이나 지난 1973년부터 75년에 걸쳐서의 일이다.

실제의 세포 속에서는 알몸의 DNA가 움직이고 있는 일은 없으며, 대부분은 염색체에 짜넣어져서 고등생물에서는 이른바 '크로마틴'

(ckromatin)*을 형성하고 있는데, 오늘날에는 그 염색체나 세포에 침입하는 바이러스의 3차원 입체구조가 극한의 원자 수준에서 문제로 될 만큼 구조 해석이 진보해 있다. 즉 세포 내 실체의 여러 가지 거동이 입체구조를 바탕으로 논의되고, 보다 본질에 다가설 수 있는 것을 기대할 수 있는 정세가 되어 있다.

이것은 기초학문에서도 또 응용면의 개척에서도 커다란 진보를 가져 올 것이다. 생명과학의 기초와 응용의 거리는 해마다 축소되고 있으며, 기초에서 어느 정도의 시야가 트이게 되면 바로 응용면의 개척에 대해서 사항들이 직결되어 움직이기 시작하는 것이 오늘날의 바이오사이언스의 커다란 특징이다. 이들의 진보와 평행하여 컴퓨터의 두드러진 발전이 있어 최근 10년 사이의 컴퓨터 그래픽스의 진보도 괄목할 만한 것이 되었고, 숱한 고생 끝에 단백질이나 핵산의 입체구조를 시각화(視覺化)하여 3차원적 이미지를 선명히 하는 데에 큰 힘이 되었다. 이것에 의해 입체구조의 국소(局所)와 생물기능과의 관련이나 그 구조 형성의 내용에 대한 깊은 의미부여가 촉진되어 왔다.

우리가 개발한 퍼스컴에 의한 단백질과 핵산의 입체구조의 컴퓨터 그래픽스(분자 그래픽스)는 유전자공학의 진보에 박차를 가할 가능성이 있는 동시에, 여태까지 일부 전문학자에게 국한되어 있던 입체구조의 진보된 학습과 연구를 보다 많은 사람에게 개방하여 연구층을 확대할 수 있는 효과가 있다.

즉 지금까지 대형 컴퓨터를 사용하지 않으면 불가능했다는 이유로 입체구조에 소원했던 많은 연구자가 자유자재로 자기가 겨냥하고 있는 문제를 이해하는 바탕에서 입체구조를 활용할 수 있게 되었다는 점이다.

28

2. 입체구조 연구의 현황

단백질이나 핵산의 입체구조 연구의 빠른 발전은 각 방면에 큰 영
향을 끼치기 시작하고 있는데, 그 현황은 다음과 같이 요약할 수 있
다.

(1) 생화학의 교육은 약진하고 있다.

1983년에 간행된 여러 개의 생화학 텍스트는 제 1 장에서부터 단백
질이나 핵산의 3차원 입체구조의 해설로부터 시작하여 전편에 걸쳐
서 3차원 입체구조를 바탕으로 효소*의 작용 등을 설명하고 있다.
이같이 수년 전과 현재로서는 입각하는 거점이 다르고 사물을 생각
하는 자세가 바뀌어지고 있다고 한다.

최근의 분자생물학 텍스트(J. D. 왓슨 등)도 진보하여 분자 그래
픽스를 도입하고 있는 것이 눈에 두드러지고 있다.

(2) 입체구조와 기능의 철저한 이해가 진행되고 있다.

대표적인 단백질인 미오글로빈(myoglobin)과 헤모글로빈(hemo-
globin)에 대해서 3차원 입체구조의 해석이 매우 미세한 점까지 진
보하여 분자생물학의 입장에서 입체구조를 중심으로 기능이나 진화
및 병리 등이 철저하게 조직적으로 이해되는 학리(學理) 시스템이
세워지게 되어 하나의 규범이 제시되었다. 그 구체적인 예의 하나가
R. E. 디카슨 등에 의한 해설서『헤모글로빈─구조, 기능, 진화 및
병리』이다.

(3) 입체구조 해석이 단순단백질로부터 고차 복합단백질 수준으로

2. 핵산, 단백질의 입체구조와 퍼스컴 그래픽스 *29*

약진해 왔다.

1950년대, 60년대는 간단한 단백질이나 핵산의 입체구조 해석이 주된 것이었으나 최근에는 보다 복잡한 것, 실재하여 기능하고 있는 핵단백질인 크로마틴이나 바이러스*로 약진하고 있다. 동시에 고등생물의 염색체의 기초구조인 뉴클레오솜*(nucleosome)이 시험관 속에서 재구성이 가능해졌다.

바이러스에 대해서도 이미 마찬가지로 코트 단백질(바이러스의 바깥 껍질을 이루는 단백질)과 그 유전자 핵산으로부터 재구성이 가능하다. 이같은 해체, 재구성이라고 하는 과정을 통해서 보다 상세한 구조와 기능의 본질을 알게 되어, 바이러스라면 병원성의 발현이라는 문제를 보다 구체적으로 이해할 수 있게 되었다.

또 생물의 형태형성과 구조형성에 관한 기초연구가 진보하여, 형태형성을 지배하고 있는 것은 단백질이며, 형태형성의 기본인 세포와 세포의 공간적인 위치관계가 어떻게 되어 있는가를 특이단백질에 의해서 설명할 수 있는 가능성이 생겼다.

입체구조에 관점을 둔 연구성과의 한 예로서 1983년 이래 커다란 화제거리로 되어 있는 합성백신의 발견을 들 수 있다.

(4) 단백질이나 핵산의 동적 구조의 연구가 약진하고 있다.

효소 등의 입체구조의 정밀 데이터가 증가하고 효소와 기질*(基質)의 복합체 구조도 밝혀져서, 보다 공통인 기초구조의 연구 소재가 불어남으로써 개개 단백질의 기능구조의 연구도 심화하여 정적·동적 구조의 연구가 착착 진행되고 있다.

동시에 DNA의 구조가 재검토되어 DNA가 염색체 속에 작게 접혀져 있는 모습이 밝혀졌고, 그것이 필요에 따라서 풀려져서 기능을 발현하는 상태를 알게 되어 DNA는 상상하는 것보다 이상으로 신축

이 자유로운 분자라는 것이 밝혀지고 있다.

또 '좌선(左旋) 나선 DNA'의 발견에 의해서 기능조절의 구조 이해로 나아가 유전자를 발현하는 제어단백질의 입체구조도 밝혀졌으며, 여러 가지 상호작용 때에 단백질 입체구조의 국부가 변동한 흔적을 파악할 수 있게 되었다.

(5) 단백질이나 핵산의 데이터 뱅크가 충실화되었다

프로테인 데이터 뱅크(PDB · 단백질, 핵산, 다당류의 3차원 좌표 데이터의 전부를 말함)의 내용이 충실화하여, 정밀좌표 데이터 수가 300(1987년 1월)으로 되고, 분자종도 100종 가까이나 되어, 미국 브루크해븐 국립연구소의 중개에 의한 국제적 유통도 진행되고 있다.

일본에서는 대학 연구자는 거점인 대학계산기센터로부터 전화회선에 의해서, 또 기업 등의 일반 연구자는 화학정보협회(化學情報協會)를 통해서 계약 자기(磁氣) 테이프에 의해서 이용할 수 있다. 또 퍼스컴용 플로피디스크(floppy disk)판은 닛코통신(日興通信) KK에 의해서 화학정보협회를 대행하여 절차를 이용할 수 있다. 이리하여 많은 연구자가 자유로이 연구를 위해 이용할 수 있게 되었다. 단백질공학의 발전과 더불어 급속한 이용, 보급이 진행되고 있다.

(6) 분자의 입체구조 표시의 컴퓨터 그래픽스가 진보했다.

컴퓨터의 진보에 의해서 브라운관 위에 단백질이나 핵산분자의 이미지를 구성하여, 구조의 움직임을 시뮬레이트(simulate)하거나 안정구조를 계산할 수 있게 되었다. 또 컴퓨터 그래픽스의 진보도 두드러져서 퍼스컴에서도 급속한 전개를 볼 수 있다.

이것에 의해 구조와 기능의 상관해석의 두드러진 진보와 인공개변(人工改變)을 겨냥한 연구의 가능성이 크게 트이고 있다. 하지만 최

2. 핵산, 단백질의 입체구조와 퍼스컴 그래픽스 *31*

근까지 PDB 데이터를 사용한 단백질의 입체구조 묘사는 대형 컴퓨터나 비싼 미니컴을 사용하지 않으면 안되었고, 일반 화학자와 생화학자에게는 접근하기 어려운 장벽이 있어서 단순한 구조관찰조차 뜻대로 안되는 상태에 있었다.

3. 퍼스컴 분자 그래픽스의 개발

필자의 연구실에서는 와타나베(渡邊格) 선생의 조력으로 1Å (1Å= 10^{-10}m, 1억분의 1 cm) = 1 cm의 스케일로 나타내는 단백질과 핵산의 정밀 분자구조 모델을 조립하는 합성수지 키트를 완성하여 보급시키는 한편, 정밀구조 모델 조립의 정밀 설계도를 만들어야 할 필요가 있었다.

이것이 계기가 되어 1980년 이래 퍼스널 컴퓨터를 사용한 작도(作圖)와 각종 구조 표시를 시도하여 퍼스컴의 진보와 더불어 1983년 말 모든 방향으로부터 희망하는 크기로, 희망하는 구조 표시방식(철사 모델, 파일럿 램프 모델, 실체적 모델)으로 희망하는 부분 표현(α-탄소만, 골격만, 측쇄만, 모든 원자)의 디스플레이와 프린트를 할 수 있고, 분자의 희망부분 단편만의 표시나 자유로운 해부와 일곱 가지 색깔에 의한 임의의 채색, 나아가 부분 색분류[이를테면 엑손 *(exon) 별로 된 도메인*(domain)을 다른 색깔로 표시한다] 등 손쉽게 자유로운 구조 표시를 가능하게 만들었다.

그리고 그 후에 다시 리본 모델을 추구하여 고도의 연구를 응집시켜 명실공히 다양한 분자생물학적 요청에 응할 수 있는 분자 그래픽스 소프트웨어 'GDPS 98'의 개발에 성공했다(표 2-1). 이것을 니혼전기(日本電氣)의 협력으로 제품화하여 평소 구조에 익숙하지 못한 사람이라도 쉽게 사용할 수 있고, 단백질공학의 지원도구로서 학

32

표 2-1. 단백질의 입체구조 표시의 입력 메뉴 일람("GDPS 98" professional 판에 의함)

개시 잔기번호와 종료 잔기번호 No. $\underline{XX, YYY}$

1. 철사 모형 2. 파일럿 램프 모형 3. 실체적 모형 4. 리본 모형

◇ 철사 모형 : 1) 가는 철사, 2) 굵은 철사, 3) 화살촉 $-\dfrac{X}{선택}$

◇ 실체적 모형 : 반 데르 발스 반경 사이즈 인자(XF)-입력

◇ 리본 모형 : 1) 펩티드 결합면 맞추기, 2) 근사면 맞추기-선택

1. α 탄소 2. 골격 3. 측쇄 4. 전체 원자 $\dfrac{Y}{Z}$

1. XY 2. YZ 3. ZX 4. YX 5. ZY 6. XZ

function key f.1~f.10

command multi :

개시번호와 종료번호 No. $\underline{ZZ, WW}$(30 연쇄 가능)

command rotation

회전축 1. X 2. Y 3. Z   _ 회전각 _____

command scale :

$1\overset{\circ}{A}=$ _____ cm(축척 지정)

command monochrome :

흑백 프린트 희망 /프린터의 종횡비의 조절이 필요한 때

command display

작도개시의 지령

command window :

시야좌표 지정

command successive

연속묘사 설정 /(사슬을 따라가면서 연사, 임의 방위 연사, 설계도 할당)

command picture :

화상수납, 묘사 등

command coordinate :

좌표값 타출

command option :

선택지정(잔기번호 제외, 좌표틀 제외, 이동개서, 중심지정, 끝이 절단= 해부지정, 색채지정 : ◇ 원자 & 리본, ◇ 결합 & 철사→ 선택 → 원자, 잔기, 골격, 측쇄, 사슬 조각, 서브유닛)

---

2. 핵산, 단백질의 입체구조와 퍼스컴 그래픽스 *33*

표 2-2. 분자 그래픽스 소프트웨어 'GDPS 98'의 능력과 그 소프트
웨어를 사용하는 단백질, 핵산의 구조와 기능해석에의 접근

(1) "GRPS 98"의 성과 발표, 이용방법
  1) CRT의 사진촬용 : 슬라이드, 사진 확대
  2) 모노클로, 컬러의 하드카피 : 프린트, 설계도, 확대도, OHP(열전사
     컬러프린터)
  3) 화상의 2차 가공처리에 의한 이용
     화상의 확대, 축소와 채색 변경
     복수화상의 비교배치(멀티윈드)
     복수화상의 겹치기
  4) 리얼타임의 회전
(2) "GDPS 98"을 사용하여 해석, 이해할 수 있는 일
  1) 분자의 형태와 크기
  2) 분자 표면의 관찰
     국부의 요철과 원자단의 특색
     표면의 극성기(極性基)와 무극성기의 분포특성
  3) 분자 내의 구성단위 식별, 상대배치와 기능관계
     서브유닛 사슬의 상호관계
     유전자별 단위(엑손)의 상호 구조관계의 식별
     영역(도메인) 구조의 식별
     기능부위와 그 주변의 상세한 관찰
     내부의 극성기와 무극성기의 분포특성
     2차구조(α-나선, β구조)의 소재 식별
  4) 분자의 동적 구조의 이해(PDB 복수 file 비교)
     효소 반응 때의 구조변동의 이해
     활성화에 의한 구조변동의 이해
  5) 진화에 관한 구조의 이해
     불변부위와 가변부위의 특성 이해
  6) 분자의 자유로운 해부
     임의 단면구조의 관찰

습이나 교육용 및 연구용으로 그 활용과 보급에 힘쓰고 있다.

이것에 의해 일본의 미·영에 대한 단백질이나 핵산의 분자 그래픽스에서의 10년 뒤진 상태의 대책을 강구할 수 있는 여유가 얻어진다면 다행한 일이다.

이 'GDPS 98'에 의해서 PDB 데이터에 있는 단백질분자의 정지상(靜止像)으로서 단순한 관찰로부터 활성기능부와 구조특성을 색별로 분류하여 생물기능과 구조의 상관을 정밀하게 조사할 수 있게 되어 퍼스컴(NEC PC-9801)이 있으면 언제, 어디서라도 다른 사람에게 신경을 쓸 필요없이, 또 계산기의 사용료를 걱정하지 않고서 자유자재로 입체구조의 전체 및 부분을 마음대로 표시 조작할 수 있게 되었다(표 2-2 및 화보 그림 참조).

4. 단백질의 디자인을 겨냥하여

최근 바이오테크놀러지의 분야에서 '단백질의 디자인'이니 '단백질의 분자설계'라는 말을 자주 듣게 되었다. 그것은 지금까지 자연에는 존재하지 않았던 가장 효율적인 또는 이용목적에 걸맞는 단백질을 실험실 또는 공장에서 만들어 내는 것을 목표로 하고 있다.

그 직접적인 목표는 열에 대한 안전성이 뛰어나고 고기능을 갖춘 인공효소의 합성, 의약품으로서 종전에는 없던 효과를 갖는 단백질의 합성, 바이오일렉트로닉스의 소재로서의 단백질의 개발 등 다양한 요망에 부응하기 위해서이다.

이같은 인공단백질의 디자인과 합성은 이미 시작되고 있지만 현단계로서는 개개에 아직 많은 문제가 있기 때문에 앞으로 장구한 세월에 걸쳐서 인내성 있게 조직적인 기초연구가 필요할 것으로 생각된다.

2. 핵산, 단백질의 입체구조와 퍼스컴 그래픽스 35

우선 먼저 해야 할 일은 완전히 가공(架空)의 것으로부터 출발할 것이 아니라, 기지의 단백질로서 입체구조를 정확히 알고 있는 것을 출발점으로 하여 생화학적 지식에 바탕하여 목적 기능과 관계된 입체구조 부분을 탐색하는 일이다. 그 다음으로는 구조형성의 기초에 바탕하여 유망한 부분 치환(部分置換)을 구상하고, 유전자공학의 수법을 구사하여 소정의 변이유전자를 합성하여 소정의 변이단백질을 생합성한다. 생합성에 의해서 생긴 변이단백질의 기능을 검정함으로써 설계 사고(思考)의 옳고 그릇됨과 방향을 판단하여, 그 조직적인 검토를 진행시켜 목적에 접근할 수가 있다(단백질 공학의 탄생).

이때 될 수 있으면 동일한 기능의 다른 생물의 해당 단백질과의 비교생화학적 지식, 즉 분자 진화학적 지식을 활용함으로써 필수적인 불변부위와 변경 가능한 가변부위를 확인하여 계획을 추진한다면 더욱 효과적이다. 또 이들 연구가 축적됨으로써 아미노산 배열로부터 고유의 3차원 입체구조의 예측을 향해서 적극적인 연구가 의도되기 시작하고 있다.

우리가 개발한 분자 그래픽스 소프트웨어 'GDPS 98' 및 그 프로페셔널 판(版)은 단백질공학에 의한 새로운 단백질의 연구개발의 기초를 강화, 발전시켜 나갈 가능성을 제공하는 것이다. 이 이용방법 및 이것에 의해서 이해를 심화시킬 수 있는 사항의 개략을 표로 제시해 두었다(표 2-2 참조).

3차원의 이미징을 통해서 다방면의 연구가 보다 한층 활성화될 날도 다가오고 있어서, 이들 단백질공학적 연구가 21세기의 바이오테크놀러지의 기초가 될 것은 틀림없는 상황에 있다.

3. 생명공학과 바이오일렉트로닉스

생체가 갖는 훌륭한 기능을 공학적으로 응용하는 연구가 주목되고 있다. 일렉트로닉스 분야로부터 보더라도 생체기능은 매력적인 것이다. 생체가 지니는 분자 인식기능을 이용한 바이오센서는 화학물질의 계측에 뛰어난 기능을 발휘한다.

또 생체의 자기조립 기능이나 자기조직화 기능을 교묘히 이용하면, 전혀 새로운 분자전자 디바이스를 구축할 수 있을 것이라고 기대되고 있다. 또 우리의 뇌와 마찬가지로 기능하는 컴퓨터의 실현도 예상된다.

이같은 생명공학과 일렉트로닉스의 융합에 의해서 '바이오일렉트로닉스'라고 불리는 새로운 연구분야가 급속히 개척되어가고 있다. 이들의 현상과 장래에 대해서 설명하기로 한다.

Isao KARUBE(輕部征夫)

일본 도쿄공업대학 교수, 공학박사. [경력] 1972년 도쿄공업대학 대학원 박사과정을 마침. 1985년 도쿄공업대학 교수. [전공] 생물공학, 생물전자공학. [주요 저서] 『뉴 바이오테크놀러지』, 『바이오센서』, 『효소반응 이야기』 등

최근 바이오테크놀러지의 분야에서는 뛰어난 생물기능의 응용이 적극적으로 추진되고 있다. 지금까지는 바이오테크놀러지란 의약품의 생산에 필요한 기술이라고 생각되어 왔는데, 앞으로는 좀더 공학적 방면으로의 바이오테크놀러지의 응용이 진전될 것으로 생각된다.

바이오테크놀러지와는 가장 동떨어져 있는 듯이 생각되는 일렉트로닉스 분야로부터 보더라도 생물기능은 매우 매력적이다.

이를테면 뇌에서의 정보처리나 신경전도, 에너지 변환 또는 생체막이 갖는 정보수용이나 전달기능, 물질 수송기능 등 많은 뛰어난 기능이 알려져 있다. 이것들을 모델로 삼음으로써 바이오컴퓨터나 새로운 정보전달 시스템, 에너지 생산, 변환 시스템 또는 새로운 센서 (sensor) 등이 실현될 수 있을 것으로 생각된다.

실제로 생체가 갖는 뛰어난 기능을 일렉트로닉쓰 분야에 응용하려는 연구와 개발이 시작되고 있으며, '바이오일렉트로닉스'라고 불리며 주목되고 있다. 여기서는 바이오일렉트로닉스의 전망을 필자의 생각을 중심으로 설명하기로 한다.

1. 바이오 센서

바이오일렉트로닉스 분야 가운데서 실용적인 면으로부터 매우 주목을 끌고 있는 것이 바이오센서이다.

이것은 화학물질의 식별기능을 갖는 생체재료, 즉 효소나 미생물 등의 생체촉매와 전극이나 반도체 소자 등의 트랜스듀서(trans-ducer : 물리적인 양을 전압으로 변환하는 장치)를 조합하여 화학물질의 농도를 계측하는 것이다(그림 3-1).

이미 효소 고정화막(酵素固定化膜 ; 효소를 고분자막 등으로 결합시킨 것)과 전극을 조합한 효소 센서가 개발되어 글루코오스(glu-

3. 생명공학과 바이오일렉트로닉스 *39*

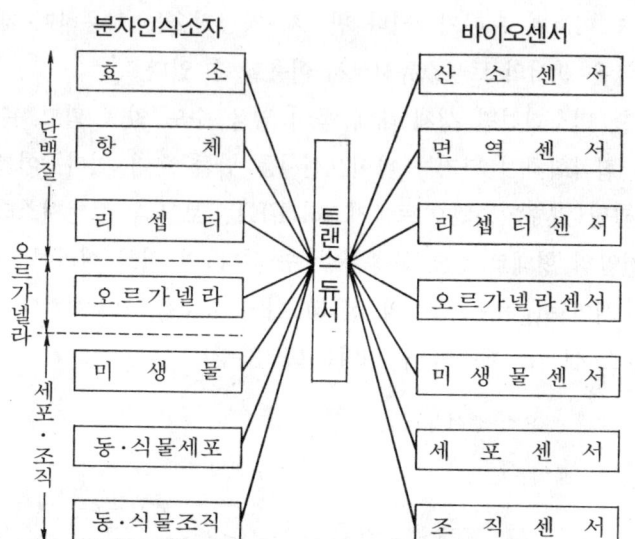

그림 3-1. 바이오센서와 분자인식소자의 관계

cose)나 요소, 요산 등을 계측하는 센서는 의료계측이나 식품분석에 적용되어 있다.

또 미생물 고정화막과 전극을 조합한 미생물 센서가 개발되어 있다. 이를테면 알코올이나 아세트산, BOD(생물화학적 산소요구량, 배수의 오염지표의 하나) 등은 공업 프로세스의 계측이나 환경계측 분야에서 사용되고 있다.

그밖에 항원항체반응*을 교묘히 이용한 면역 센서나 다종다양한 화학물질을 동시에 계측할 수 있는 다기능형 바이오센서 등이 개발되어 있다. 이들을 사용하여 생선의 선도나 맛 등을 계측하는 시도도 이루어지고 있다.

현재 바이오센서의 개발연구는 세계적으로 활발하지만, 이들 연구의 주된 것은 효소 센서의 개발이다.

한편 바이오센서의 개발연구는 미소화(微小化) 방향으로 나아가고

있다. 즉 미소한 트랜지스터나 반도체 가공기술을 사용하여 제작한 미소전극은 센서의 트랜스듀서로서 이용할 수 있다.

센서를 미소화하면 생체 내에 묻어 넣을 수도 있게 되고, 수많은 센서를 집적화하여 다기능 바이오센서를 만들 수가 있다. 이를테면 전계효과형(電界效果型) 트랜지스터(FET, 보통의 트랜지스터와는 달리 전압의 형태로 신호를 증폭할 수 있다)의 질화 실리콘으로 만들어진 게이트(gate : 일종의 전극) 위에 효소를 고정화하면, 아주 작은 효소 센서를 제작할 수 있다(그림 3-2).

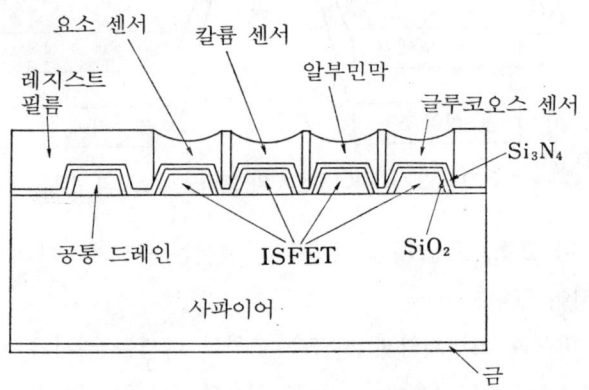

그림 3-2. 전계효과형 트랜지스터를 응용한 멀티바이오센서의 한 예

(자료 : NEC)

여기서 사용된 트랜스듀서의 트랜지스터는 수소이온농도를 계측하기 위해 개발된 것으로써, 게이트 위의 효소반응에 의해서 생기는 수소이온농도의 변화를 포착하여, 이것을 FET 부분에서 전기신호로 변환·계측하고 이 값으로부터 처음의 화학물질을 측정하는 원리에 바탕하고 있다. 이 효소 센서 1개의 크기는 폭 0.4 mm, 길이 5 mm 의 매우 미소한 것이다.

3. 생명공학과 바이오일렉트로닉스 *41*

또 실리콘의 미세가공기술을 사용하여 반응이 일어나면 전류가 흐르는 미소전극도 개발되어 있다. 이것은 과산화수소나 산소를 계측할 수 있는 미소전극으로써, 이 표면에 산화효소 등을 고정화하면 각종 화학물질을 측정할 수 있다. 또 마이크로센서 표면에 특수한 고분자막을 피복하면 체내에 삽입할 수도 있다.

한편, 사용되고 있는 반도체 소자의 게이트는 미세가공기술의 진전에 의해서 점차로 미소화하고 있으므로, 장래에는 극히 미소한 게이트에 몇 분자의 효소를 고정화한 분자 바이오센서가 출현할 것이라고 예상된다. 장래는 이들 분자 바이오센서를 다수 집적화함으로써 냄새나 맛 등을 계측하는 센서도 실현될 것이라고 생각된다. 바이오센서는 분자 디바이스(소자)의 시대로 접어들 것이라고 생각된다.

2. 바이오칩

최근의 일렉트로닉스 산업의 발전은 눈부신 것이었는데, 이것은 실리콘을 이용하는 테크놀러지에 힘입은 바 크며, 고기능 디바이스의 개발이 이것을 떠받쳐 왔다.

한편, 최근에는 실리콘의 미세가공기술의 한계가 보이기 시작하여 소자 자체에도 물리적인 한계가 예상되게 되었다. 그런 정세로부터 지금까지의 실리콘 디바이스의 접근과는 전혀 다른 방법으로 극한의 디바이스를 구축하려는 생각이 주목을 끌게 되었다.

이것은 '분자전자 디바이스'의 발상이며, 1개의 분자를 전자 디바이스의 요소로서 기능하게 하려는 아이디어이다. 이것은 이미 1960년대부터 제안되었으나 최근에 와서 다시 주목되어 왔다. 만약 21세기에 분자 디바이스가 실현된다면 이것은 전자공업을 비롯하여 산업 전체에 커다란 충격을 줄 것으로 예상된다.

한편, 분자 디바이스에 단백질을 사용하려는 제안이 미국의 맥쾨리와 웰링에 의하여 제출되었다.

이것은 이 분야의 연구자들에게 큰 반향을 불러일으켰다. 이것이 이른바 '바이오칩(biochip)'이라고 불리는 소자로서, 이것을 사용한 바이오컴퓨터의 이미지가 어렴풋이나마 제시되었다.

만약 전자디바이스에 단백질이 사용되게 된다면 아주 유망한 단백질 시장이 출현하게 되어 바이오산업이나 바이오일렉트로닉스의 연구에 주목하지 않을 수 없게 된다.

바이오칩의 특징은 자기조립기능(self-assembly) 및 자기조직기능(self-organizing)이다. 즉 효소나 단백질과 같은 미소한 분자를 재료로 사용하여 소자를 인위적으로 조립하는 것은 매우 곤란하며, 이들이 갖는 본래의 성질 즉 자기조직기능을 이용하여 디바이스를 구축하는 방법밖에 없다.

이렇게 해서 만든 디바이스를 종래의 리소그래피(lithography ; 인쇄제판) 기술을 이용하여 제작한 통상의 디바이스와 비교하면 다음과 같은 이점을 생각할 수 있다.

(1) 3차원적으로 미세가공을 할 수 있기 때문에, 극히 자유도가 있는 고밀도 소자의 조립이 가능하다.

(2) 분자의 자기조립에 의한 구축은 100Å(10만분의 1mm) 이하부터 가능하기 때문에 극히 작은 사이즈의 디바이스 가공을 할 수 있다.

(3) 자기조립을 이용하면 에너지나 시간과 힘이 들지 않기 때문에 낮은 코스트로 디바이스를 제작할 수 있다.

(4) 생체에서의 자기조립은 매우 정확하기 때문에 오차가 적을 것으로 생각된다.

(5) 인터페이스(interface ; 2개 이상의 장치가 접속하는 경계면)

3. 생명공학과 바이오일렉트로닉스 *43*

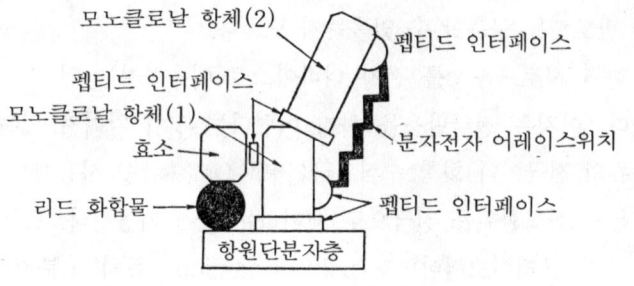

그림 3-3. 몰톤의 구조

에서의 상호작용이 정연하기 때문에 인터페이스가 오염될 걱
정이 없다.

이같은 점을 고려하여 맥콰리 등은 철 포르피린(porphyrin)을 갖
는 단백질을 사용하는 분자 스위치 또는 항원항체반응*을 교묘히 이
용한 '몰톤'이라고 부르는 소자의 구축방법에 대해 제안하고 있다(그
림 3-3).

그러나 이것은 어디까지나 이같은 분자 디바이스의 제작법을 설명
한 것이며, 구체적인 개념을 가진 분자전자 디바이스를 제공한 것은
아니다. 하지만 이것은 일렉트로닉스 분야의 연구자에게 큰 충격을
던져주어 온세계에서 바이오칩의 연구가 시작되고 있다.

단백질의 도전성(導電性)은 일반적으로 낮아서 이것은 반도체로
서의 성질을 가지고 있다고 하는 설과, 갖고 있지 않다고 하는 주장
이 있다.

한편, 호열성세균(好熱性細菌)으로부터 분리한 시토크롬 c(cyto-
chrome-c, 생체의 전자전도체)와 히드로게나제(hydrogenase, 수
소이온으로부터 수소를 생성하는 효소)를 박막(薄膜) 위에 전개하면
산화상태와 환원상태에서 전도성이 100만배 이상이나 달라지는 것이
발견되어 있다. 만약 이 현상을 잘 이용할 수 있다면 단백질을 사용

한 반도체를 구축할 수 있을는지 모른다.

한편 시토크롬 c를 전자 디바이스로 이용하려는 연구가 진행되고 있다. 이것은 전극반응을 하기 어렵다는 것이 알려져 있는데, 어떤 종류의 전극이나 화학 수식전극(化學修節電極)을 사용함으로써 시토크롬의 산화환원을 전극으로 제어하는 일이 가능하다. 또 이 시토크롬 c를 폴리아크릴아미도(polyacrylamido) 등의 고분자의 그물코 구조 속에 고정화하여 전극 사이에 삽입하면 이것은 콘덴서로서 기능하는 것이 발견되어 있다.

또 박테리오로돕신을 이용한 디바이스의 연구도 시작되고 있다. 박테리오로돕신(bacteriorhodopsin)은 고도호염균(高度好鹽菌)의 일종인 '할로박테륨 할로븀(*Halobacterium halobium*)'이라는 균이 갖는 보라빛의 막부분의 단백질로서, 빛을 쪼이면 생체막을 통해서 수소이온을 펴내는 프로톤 펌프(proton pump)로서 작용하는 것이 알려져 있다.

이것의 빛에 의한 화학적인 구조변화를 이용한 스위칭 기능은 매우 빠르기 때문에 종전부터 스위칭 디바이스용 단백질로서 주목되어 왔다.

이미 박테리오로돕신의 단분자막(單分子膜)을 누적하여 광전력(光電力)의 생성에 관한 연구가 행해지고 있다. 또 박테리오로돕신과 지질을 고정화한 이온 감응성 전계효과형 트랜지스터는 광 스위칭 디바이스의 모델로서 기능한다는 것이 밝혀져 있다(그림 3-4).

이와 같이 단백질을 사용하는 전자 디바이스의 연구도 조금씩 진행되고 있다.

또 단백질이 스스로 집합하여 기능하는 수많은 예가 바이러스 입자 또는 미소관(微小管 ; 진핵생물에 있는 속이 빈 단백질 섬유) 등을 비롯하여 알려져 있다. 이들의 원리를 구명함으로써 바이오칩의

3. 생명공학과 바이오일렉트로닉스 *45*

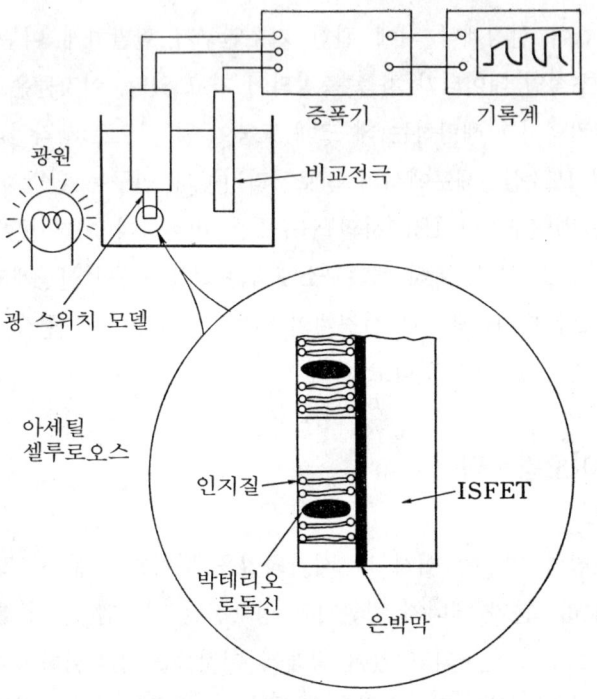

그림 3-4. 박테리오로돕신을 사용한 스위치 소자의 모델

구축을 하려는 연구도 진행되고 있다.

바이오 소자나 바이오컴퓨터의 기본개념을 구축하기 위해서는 바이오아키텍처(bioarchitecture ; 생체가 하는 정보처리 메커니즘)의 해명이 불가결한 것으로 생각된다.

그래서 신경계의 간단한 하등동물의 신경세포나 시냅스(synapse)에서의 정보처리기능 등의 해명이 활발하게 이루어지고 있다. 또 고등동물의 뇌가 하고 있는 정보처리기능의 정보과학적 연구나 그 시뮬레이션, 또 신경전달물질의 역할에 대한 연구도 적극적으로 진행되고 있으며, 시냅스에서의 정보전달의 모델화의 연구도 구체적으로 행해지고 있다.

이와 같이 신경계나 뇌에 관한 기초연구가 활발하게 이루어지고 있고, 기초적인 데이터가 차츰 축적되어 가고 있다. 이것들은 앞으로 바이오아키텍처를 해명하는 데 크게 도움이 될 것으로 생각한다.

해외에서도 신경세포에서의 정보처리기능의 연구는 활발하여, 미국에서는 벨연구소나 IBM사의 연구소를 비롯하여 여러 곳에서 연구가 추진되고 있다. 특히 벨연구소에서는 하등동물의 신경계와 디바이스를 조합한 시스템으로 신경계의 매트릭스(matrix) 형성 현상을 해명하는 연구를 하고 있다고 한다.

3. 바이오컴퓨터

바이오칩의 연구는 이제 막 시작되었을 뿐이지만 분자 스위치나 분자 메모리, 분자 에너지 변환기와 정보전달 시스템, 분자 센서 등의 많은 요소가 연구되고 있어 장래에 이것들을 집적화하여 하나의 개념으로서 기능하는 바이오칩을 구성하고, 이것을 더욱 고차로 집적화해서 바이오컴퓨터를 구축하려는 연구가 행해질지도 모른다(표 3 -1).

표 3- 1. 바이오컴퓨터에 이용할 수 있는 생체소자

컴퓨터	생체소자
게이트 또는 스위치	광합성 계열, 박테리오로돕신, ATP아제, 아세틸콜린리셉터
기억소자	박테리오로돕신, 시토크롬 c_3, c, 콜라겐, 페리틴
콘택트 포인트	항원/항체, 폴리펩티드, 접착성 분자, 효소적 중합물
와이어	항생물질, 전도성 고분자
입력/출력	광응답성 분자, 리셉터, 금속착제

이들 디바이스에 효소나 단백질을 사용하는 것이 생각되고 있지만, 효소나 단백질은 매우 불안정하다. 실제로 실용화할 수 있을 만한 디바이스에는 이것을 사용하는 것은 곤란하다고 생각되고 있다.

그래서 전기특성이 뛰어나고 더구나 안정된 단백질을 인위적으로 만들어내야만 한다. 이와 같은 기술로서 현재 단백질공학(protein engineering)이 개발되고 있으며, 이 기술을 구사함으로써 장래에는 매우 특성이 뛰어난 효소나 단백질을 만들어낼 수 있을 것으로 생각된다.

이와 같은 바이오칩이 완성되면, 분자 디바이스이기 때문에 현재의 전자 디바이스와 비교하면 기억용량 등의 특성의 비약적인 향상이 있을 것이며 신뢰성도 증가할 것으로 생각된다.

또 바이오 소자나 바이오컴퓨터는 에너지를 절약할 수 있고 열의 발생이 적으며, 생체분자로부터 구축되어 있으므로 생체와의 적합성도 좋을 것으로 예상되어 생체 내의 각종 분야에서의 응용도 기대되고 있다.

즉 의료나 임상검사에도 이용할 수 있게 될 것이다. 이를테면 인공장기의 제어에 사용되거나 장기기능의 보조 등을 위해서 생체에 이식되어 이용되는 일도 생각할 수 있다. 또 인공지능은 지식 기준에서 인간의 사고에 가까운 것이 실현될 것으로 생각된다.

또 센서나 바이오 소자는 공업에서 계측과 제어, 또는 환경의 모니터링이나 최적 환경의 설정 등 광범한 분야에 응용될 것으로 생각된다. 이와 같이 바이오 소자나 바이오컴퓨터는 사회 전체에 커다란 영향을 끼칠 가능성이 있다고 생각된다.

그러나 연구는 막 시작되었을 뿐이며 암중모색이 계속되고 있는 것이 현실이다. 따라서 앞으로 일렉트로닉스, 바이오테크놀러지, 소재화학, 분자생물학, 단백질공학 등 여러 분야의 연구자의 밀접한 공동연구가 이들의 개념이나 디바이스를 완성하기 위해서는 불가결한 것이라고 생각된다.

4. 식물조직 배양과 물질생산

재조합 DNA 기술이나 세포융합 등의 유전자공학이나 세포공학을 응용하여 의약품, 식품, 향료, 염료 기타 생리활성물질 등의 유용한 화학물질을 생산하는 기술이나 이들 물질을 생산하는 특정 조직이나 기관만을 배양하는 방법의 개발연구가 추진되고 있다.

최근에는 식물변환이나 고정화 식물배양세포를 사용한 바이오리액터에 의한 방법도 등장하여 장래의 밝은 전망을 던져주고 있다.

Tsutomu FURUYA(古谷力)

일본 기타사도(北里)대학 약학부 교수, 약학박사. [경력] 1951년 도쿄대학 의학부 약학과 졸업, 조수, 캘리포니아대학 유학을 거쳐서 1965년 기타사토대학 약학부 교수에 취임, 현재에 이름. [전공] 생약학, 식물세포공학, [주요 저서]『식물조직배양』,『천연물 의약품학』등

50

1960년대 초에 우리가 일본에서 처음으로 식물의 세포배양을 사용하여 유용물질을 생산하는 연구에 착수하고부터 이미 20년이 경과했는데, 최근 식물세포에 의한 유용물질의 생산은 바이오테크놀러지의 하나의 기능으로서 점차 클로즈업되고 있다.

여기서는 세포배양에 의해서 어떤 유용물질이 만들어졌고 또 만들어지려 하고 있는지, 그 개략적인 내용을 말하고 그것의 전개로서 최근 3, 4년 우리가 연구를 추진해 오고 있는 고정화 식물세포를 사용한 바이오리액터(bioreactor)에 대해서 설명하였다.

식물의 배양세포를 사용하여 유용물질을 만드는 방법에는 크게 나누어 두 가지가 있다. 하나는 배양세포 자체에 의약품 또는 화학약품으로서 사용할 수 있는 성분을 만들게 하는 방법이며, 또 하나는 '식물변환'(植物變換)이라고 하여 배양세포에 어떤 기질*(基質)을 부여하여 세포에 내재하는 효소*에 의해서 그것을 유용물질로 변환시키는 방법이다.

이제부터 현재까지 연구대상으로 되었던 대표적인 예를 몇 가지 소개하겠다.

1. 알칼로이드의 생산

먼저 알칼로이드(alkaloid)인데, 그것의 하나에 황련(黃連)이 만드는 베르베린(berberine)이라는 위장약이 있다. 황련의 세포배양에 대한 최초의 작업을 한 것은 무리로서, 베르베린의 생산에 성공한 것은 이미 십 수년 전이다. 다음은 아편 알칼로이드로, 양귀비의 배양세포에 의해서 이것을 만드는 시도를 필자의 연구실에서 이럭저럭 20년쯤 계속하고 있는데, 아편은 삼십 몇 종의 알칼로이드를 함유한 복잡한 물질이었기 때문에 이것을 배양세포에 만들게 할 수가 없어

서, 부득이 세포를 분화시켜 유식물체(幼植物體)를 만듦으로서써 최근에 아편을 생산하는 데에 성공했다.

양귀비의 배양세포에 의해서 테바인(thebaine)이라는 알칼로이드를 만들려는 시도가 있다. 테바인은 진통제인 모르핀(morphine)이나 기침을 멎게 하는 약인 코데인(codeine) 등의 의약품 원료가 되는 것으로서, 일본에서는 S사가 연구를 추진하고 있으나 아직은 함량이 매우 적다.

키나나무라고 하는 식물이 있다. 생약에서는 '키나껍질'이라고 부르고 있는 데, 이것은 키니네(kinine)를 함유하고 있다. 키니네는 말라리아의 특효약으로, 이 키니네를 세포배양으로 만들려는 연구가 지금 미국에서 활발하게 추진되고 있다.

현재 큰 화제거리로 되어 있는 것이 매일초(每日草)의 배양이다. 이 식물에는 빈크리스틴, 빈브라스틴이라고 하는 백혈병 또는 호지킹(Hodgkin) 병(악성 림프종양의 일종)에 듣는 약이 함유되어 있다. 이것을 매일초의 세포배양으로 만드는 연구가 캐나다에서 활발하게 추진되고 있지만 아직은 성공하지 못한 듯하다.

중국이 원산지인 나무에 희수(喜樹)라는 식물이 있다. 이것에는 캄프토테신이라고 하는 항암제가 함유되어 있다. 일본의 K사는 이 세포배양에 의해서 캄프토테신의 함량을 천연의 것의 100배 정도로 높이는 데 성공했는데, 캄프토테신 자체는 항암작용은 있지만 독성이 강해서 실용화되어 있지 않다. 최근에 Y사가 캄프토테신의 분자구조를 바꾸어서 실용화의 길을 트는 데 성공했다고 한다.

2. 사포닌 등

다음은 사포닌[saponin ; 식물계에 널리 분포하는 배당체(配糖體)

의 총칭]이다. 생약에는 사포닌을 함유한 것이 많고 예로부터 상약(上藥)으로서 자양강장(滋養强壯)을 위해서 자주 사용되고 있으며 한국인삼, 자호(紫胡) 등이 대표적인 예이다. 우리는 한국인삼의 세포배양에 의해서 진세노사이드라고 하는 사포닌의 질과 양이 재배물과 거의 같은 배양물을 대량으로 생산하는 데에 성공하여 현재 N전공(電工)의 손으로 20톤 탱크를 사용하여 공업생산이 추진되고 있다.

참마과의 식물에 함유되어 있는 디오스게닌(diosgenin)이라는 물질은 부신피질호르몬의 합성원료가 되기 때문에, 이것을 세포배양에 의해서 만들려는 연구가 미국, 일본 등에서 추진되고 있고 이미 매우 함량이 높은 세포계가 얻어지고 있다.

감미료에도 흥미로운 것이 있다. 식물에는 여러 가지 감미물질(단맛을 내는 물질)이 있는데, 역사적으로 오래된 것은 감초(甘草)이다. 한방약의 갈근탕(葛根湯) 등 탕액(湯液)으로서 마시는 것의 감미는 모두가 감초에서 유래하는 것이며, 또 간장, 소스의 단맛도 감초이다. 일본에서는 이 감미 성분을 함유하고 있는 감초가 잘 자라지 않기 때문에 이것을 배양세포로서 만들려는 연구가 현재 실시되고 있다.

우리가 세포배양에 착수하고 있는 것에 디오스코리오필름이라는 식물이 있는데, 이 감미 성분은 설탕의 3000배나 달다. 이 감미 성분을 어떻게 세포배양에 의해서 만들었으면 하고 여러모로 시도하고 있으나 좋은 배양세포를 얻기가 어려워서 고생을 하고 있다.

그밖에 심장약으로서 유명한 유비퀴논 10, 보라빛의 색소인 시코닌, 남성 피임약인 고시폴, 설사약인 안트라퀴논의 페놀(phenol) 성분, 또는 각종 테르펜(terpene)류가 현재까지 연구대상으로 되어 있고, 그 중에는 시코닌처럼 대량생산에 성공하여 이미 상품화된 것

도 있다.

필자의 연구실에서는 최근 4, 5년간 통산성(通産省)의 프로젝트 연구로서 유칼립투스의 세포배양을 하고 있다. 목표는 말할 나위도 없이 새로운 에너지로서의 정유분(精油分)의 생산이다.

오스트레일리아에서는 600종 정도의 유칼립투스가 생육하고 있는데, 이 중에서 7종류를 골라서 그 세포배양을 하고 있다. 처음에는 꽤나 고생을 했으나, 현재는 여러 종류의 세포배양에 성공하여 아주 잘 생육되고 있다. 현재로서는 트리테르펜(triterpene ; 테르펜은 천연 유기화합물의 하나로 정유의 주성분)은 많이 생산되지만 정유분으로서 중요한 모노테르펜(monoterpene)을 생산하는 데까지는 이르지 못했으나, 최근에 변환반응(變換反應)에 의해서 생리활성물질을 생산하는 연구를 추진하고 있다.

3. 식물 바이오리액터

고정화 식물세포의 이야기로 옮겨 가자. 식물의 세포를 고정화[유리된 식물 세포를 고정화 기재(基材)로 감싸는 것]하여 유용물질을 만들겠다는 연구는 스웨덴의 모스바하가 1979년에 식나무(Morinda citrifolia)의 배양세포를 사용하여 안트라퀴논의 생산을 시도했다는 보고를 제출한 것이 최초인데, 우리의 연구에서도 아직 몇 해밖에 경험이 없어 역사가 매우 짧다. 문헌을 보아도 그다지 많지 않아서(표 4-1) 이제부터 출발할 연구분야라고 할 수 있다.

식물세포를 고정화할 경우, 크게 나누어서 두 가지 방법이 있다.

하나는 배양세포로부터 칼루스*(callus)를 유도하고 이것을 부유배양(浮遊培養 ; suspension culture, 배양액 속에 세포를 부유상태로 하는 배양)에 걸어서 고정화하는 방법이며, 또 하나는 프

표 4-1. 고정화 식물세포와 그 응용 예

식물세포	고정화제	반응계	반응생성물
일일초 (*Catharanthus* *roseus*)	아가로오스 알긴산칼슘 아가로오스, 한천	카테나민의 이중결합의 환원 트립프타마인과 세코로가닌의 축합	아지말리신 이성체 아지말리신 이성체
양귀비 (*Papaver* *Somniferum*)	알긴산칼슘	코데이논의 케톤의 환원	코데인
털디기탈리스 (*Digitalis lanata*)	알긴산칼슘	디기톡신의 12β 자리의 수산화 메틸디기톡신의 12β 자리의 수산화	디곡신 메틸디곡신
당근 (*Daucus* *carota*)	알긴산칼슘	디기톡시게닌의 5β 자리의 수산화 기톡시게닌의 5β 자리의 수산화	펠리프로게닌 하이드록시 지톡시게닌
박하 (*Mentha spp*)	폴리아크릴데히드 -히드라지드	멘톨의 케톤의 환원 프레곤의 이중결합의 환원	네오멘톨 이소멘톨
커피 (*Coffea* *arabica*)	폴리우레탄홈	데노보 합성	카페인
(*Morinda* *citrifolia*)	알긴산칼슘	데노보 합성	안트라퀴논

로토플라스트*(protoplast), 이른바 '알몸의 세포'를 만들어서 그것을 고정화하는 방법이다. 최근에는 이 중간적인 방법으로서 프로토플라스트가 세포벽을 재생하는 도중의 것을 고정화하는 일도 행해지고 있다.

고정화 세포를 만드는 방법은 비교적 간단하다. 정치배양(靜置培養)으로 대를 이어온 세포를 부유배양으로 증식하여 나일론클로스로 20~34메시(mesh ; 1인치당 그물코 수. 20메시는 1인치에 20개의 그물코가 있는 것을 표시) 크기의 세포집합체로 나누어, 그것을 알

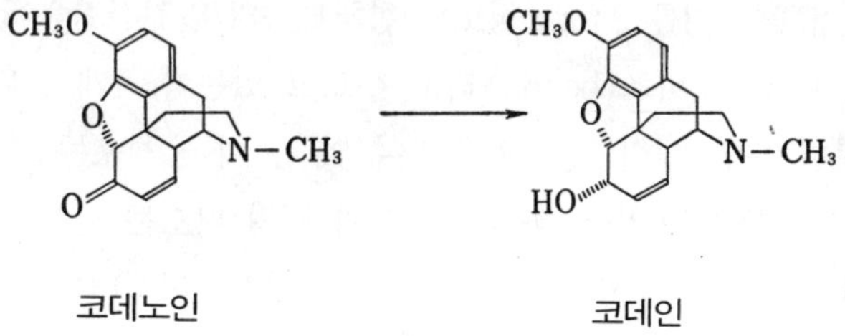

CH₃O
N−CH₃
O
코데노인
CH₃O
N−CH₃
HO
코데인

그림 4-1. 코데노인에서부터 코데인으로의 변환반응

공기배출구
기질
주입구
배양액
공급기
고정화 세포를 충진한 칼럼관
인큐
베이터
부상 계측계
에어 필터
공기
펌프
시료 추출구

그림 4-2. 바이오리액터의 모식도

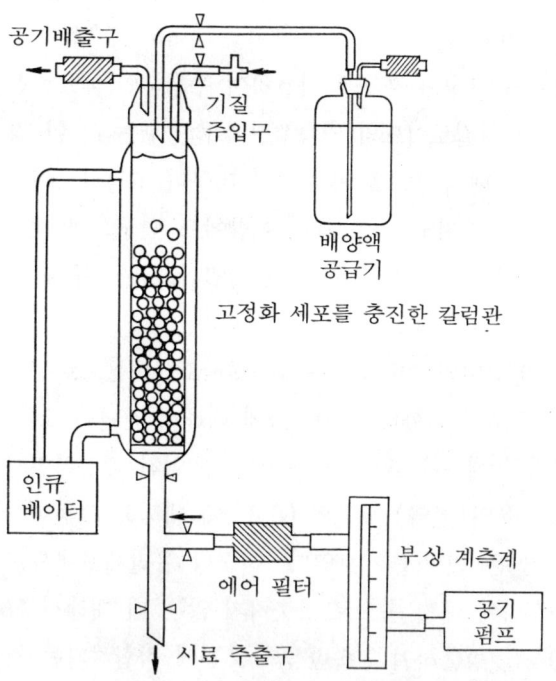

긴산나트륨의 용액에 현탁시켜 염화칼슘의 용액 속에 떨어뜨리면, 두 액이 반응하여 지름 3 mm 정도의 한천모양의 알긴산칼슘 입자가 생성된다. 이것을 '비즈(beads)'라고 부르고 있는데, 1개의 비즈 속에 수천 내지 수만 개의 세포가 감싸여 있다. 이들 세포는 증식능력을 가졌고 2주쯤 되면 비즈 바깥에 세포가 넘쳐 나오는 일이 있다.

다음에 이렇게 하여 고정화한 세포를 바이오리액터(bioreactor ; 생체반응으로 효소 등의 생체 촉매를 반응시키는 장치)에 충전하여, 배양액과 함께 기질*을 환류시켜 세포 속의 효소군의 작용에 의해서 교환하게 하여 유용물질을 얻거나 세포 자체에 주성분을 만들게 하는 셈인데, 이때 바이오리액터의 장치로서 어떤 것을 선택하느냐가 하나의 포인트이다.

우리는 황련의 고정화 세포를 사용하여 주성분인 베르베린을 비롯하여 여러 종의 알칼로이드의 연속생산에 성공했는데, 이 경우 생산된 알칼로이드는 배지 속으로 방출되고 더구나 고정화 세포는 3개월 이상이나 활성을 유지하고 있었다. 이밖에도 연구실에서는 양귀비, 디기탈리스(Digitalis), 담배, 커피, 한국인삼, 감초 등의 고정화 세포를 사용하여 물질의 생산을 시도하고 있다.

이 중에서 양귀비의 고정화세포에 의한 코데이논으로부터 코데인 (진해 : 鎭亥)으로의 변환(그림 4 - 1)에 대해서 간단히 소개한다.

양귀비 고정화 세포를 플라스크 안에서 30일간 배양하면서 변환반응을 했던 바, 유리(遊離) 세포의 60.8%에 대해서 고정화 세포에서는 70.4%의 높은 변환율을 보였다. 더구나 유리세포에서는 생성된 코데인의 50%밖에 배지 속으로 방출하지 않는 데 대해서 고정화 세포에서는 90%를 방출하여 연속반응의 조건에 적합하다는 것을 알았다.

그래서 다음에는 칼럼(column)관(용질혼합물을 분리하기 위해

표 4-2. 코데노인으로부터 코데인으로의 변환반응에 미치는 바이오리액터의
온도의 영향

고정화 식물세포의 활성 일수	변환율(단위 : %)		
	바이오리액터의 온도		
	20℃	25℃	30℃
3	26.9 %	32.6 %	4.8 %
6	20.7	41.9	1.6
9	29.1	18.9	1.6
12	17.0	7.6	0.6
15	23.6	3.6	-
18	25.0	2.1	-
21	24.2	1.3	-
24	29.4	-	-
27	12.3	-	-
30	6.3	-	-

충전제를 채워넣은 관)을 개량한 바이오리액터(그림 4-2)를 사용
하여 반응시간, 온도조건, 통기량 등을 검토했다.

양귀비의 세포는 어느 편이냐 하면, 비교적 낮은 온도에서 잘 자
라는 세포이며 20℃에서 약 30일간 활성을 유지하고 있는데, 25℃
에서는 15일 정도, 30℃에서는 수일간 밖에 활성을 유지하지 못한다
(표 4-2).

이와 같이 바이오리액터의 온도조건은 매우 중요하다. 또 통기량
도 중요하여 유리세포에 비교해서 고정화 세포는 꽤 많은 통기량을
필요로 한다.

4. 고정화 세포의 장점

마지막으로 왜 고정화 세포를 사용하느냐 하는 점에 대해서 요약
하여 말하겠다.

배양세포를 사용하여 물질을 생산하는 데는 세포를 천천히 생장시

키는 것이 중요한 포인트가 된다. 왜냐하면 생장이 빠른 배양세포는 그다지 유효성분을 만들지 않기 때문이다. 그 때문에 비즈 속에 세포를 꽉 눌러 채워서 세포를 천천히 생장시키는 방법을 취한다. 또 세포끼리를 비즈 속에서 고밀도로 접촉시키면 세포가 서로를 인식하여 분화가 쉬워진다.

양귀비의 경우처럼 어느 정도 분화를 시키지 않으면 성분을 만들지 않는 예가 있으므로, 분화를 노려서 많은 세포를 비즈 속으로 눌러 넣는다. 이것도 고정화 세포를 사용하는 하나의 이유라고 생각해도 좋을 것이다.

그리고 고정화하면 유리세포의 부유배양에 비해서 화학적 또는 물리적 환경의 제어가 쉬워지는 점을 들 수 있다. 이를테면 전구물질*(前驅物質)을 넣을 경우라도 저농도로 많이 넣는 것이 하기 쉽다. 그리고 네번째의 이유로서 생산물의 분리가 부유배양에 비해서 매우 쉽게 할 수 있다는 이점이 있다.

이런 이유로부터 고정화 식물세포에 사용한 유용물질의 생산은 아직도 해결해야 할 문제점이 적지 않지만 효소를 일부러 추출하거나 정제할 필요가 없고, 효소의 활성도 높고 고정화 세포의 안정성도 좋기 때문에 상온, 상압에서 특이성이 높은 반응을 할 수 있다는 장점이 있다.

따라서 알칼로이드, 스테로이드(steroid), 정유, 유지, 식용색소 등 유용 식물성분의 생산으로 향해서 앞으로 이 분야의 연구는 더욱 활발해질 것이라고 생각한다.

5. 식물의 바이오테크놀러지

최근 큰 기대를 받고 있는 식물분야의 바이오테크놀러지 가운데서도 특히 유용식물의 생산성의 효율화와 밀접하게 관계되고 있는 새로운 품종개량, 육종기술의 과제에 대해서 언급했다.

한정된 지면으로 모든 것을 커버할 수는 없는 일이지만, 고등동물과는 또 다른 고등식물의 세포나 조직이 잠재적으로 지니고 있는 불가사의하다고나 할 수 있는 능력, 특히 「분화전능성(分化全能性)」이라고 불리는 개체 재생능력과 그것의 새로운 육종기술에서의 중요성 등에 초점을 맞추었다.

이와 같은 문제에 조금이라도 흥미를 품고 이해를 깊게 하여 주기를 기대하고 싶다.

Hiroshi HARADA(原田宏)

일본 쓰쿠바(筑波)대학 생물과학계 교수. Docteur - és - sciences, 프랑스 농학아카데미 회원. 〔경력〕1953년 도쿄(東京)교육대학 농학부 졸업, 프랑스 국립 다세포 생리연구소 소장, 유네스코 자연과학부문 차장, 1974년부터 현직에 이름. 〔전공〕식물발생생리학, 식물세포공학. 〔주요 저서〕『식물세포조직배양』, 『식물의 바이오테크놀러지』 등

식물의 바이오테크놀러지에 대해서 말하기 전에, 우리는 평소에 걸핏하면 식물 자체의 유용성을 잊기 쉽기 때문에 먼저 그것에 대해서 약간 언급해 두겠다.

지구상의 가장 중요한 에너지원의 하나, 즉 태양 에너지를 광합성 작용에 의해서 이용 가능한 형태로 전환할 수 있는 것은 식물뿐이다. 또 물은 지구상의 도처에 있는데, 이 물을 효율적으로 수소와 산소로 잘 나누어서 이용할 수 있는 것도 식물뿐이다. 또 이 지구상에 인간을 비롯하여 고등동물이 살아갈 수 있는 것은 지구 표면으로부터 일정한 높이의 공간에 오존층이 있어서 유해한 자외선을 적당히 차단해 주기 때문인데, 그 오존의 바탕이 되는 산소도 식물이 공급하고 있다. 이렇게 조금만 생각해 보더라도 식물은 이 지구상에서 중요한 역할을 하고 있다는 것을 알게 된다.

한편, 인간이 식용으로 삼을 수 있는 식물의 종류는 어떤 조사에 따르면 8만여종에 달한다고 한다. 이 중에서 인간이 실제로 먹은 적이 있는 식물은 약 3000종으로 보고 있는데, 그 중에서 비교적 대규모로 재배되어 온 것은 약 150종에 지나지 않는다고 한다. 그리고 현재는 벼, 밀, 보리, 콩, 옥수수 등 고작 20종류의 식물에 의해서 인간의 식량은 거의 90%가 충당되고 있다.

인류는 농경을 시작한 이래, 야생식물에 손을 보태어 현재 볼 수 있는 것과 같은 여러 가지 작물을 만들어내어 왔다. 최근에는 방사선 또는 화학약품에 의해서 작물에 인공적인 돌연변이를 일으켜서, 그 가운데에 목적에 부합하는 변이종(變異種)을 골라서 품종을 개량하고 있다.

앞으로 서기 2000년까지 불과 수% 밖에 증가할 전망이 없는 농지면적으로 급증하는 인구를 부양해 가야 하며, 그러기 위해서는 더욱 품종개량을 추진하여 농업의 생산성을 높이는 것이 불가결하다.

5. 식물의 바이오테크놀러지   61

표 5-1. 바이오테크놀러지에 의한 고등식물의 기초연구와 농업에의 이용례

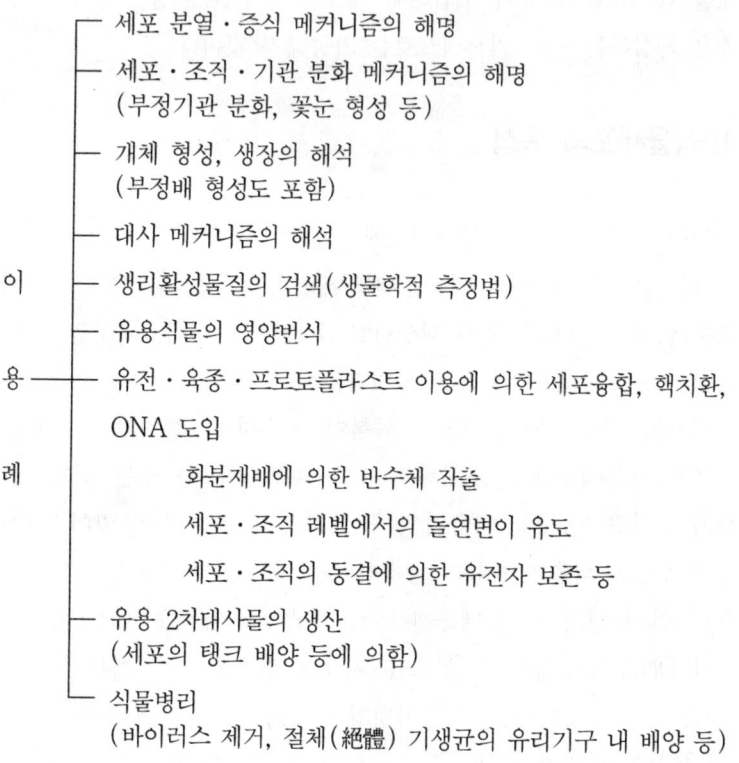

이

용

례

세포 분열·증식 메커니즘의 해명

세포·조직·기관 분화 메커니즘의 해명
(부정기관 분화, 꽃눈 형성 등)

개체 형성, 생장의 해석
(부정배 형성도 포함)

대사 메커니즘의 해석

생리활성물질의 검색(생물학적 측정법)

유용식물의 영양번식

유전·육종·프로토플라스트 이용에 의한 세포융합, 핵치환,
ONA 도입

　　화분재배에 의한 반수체 작출

　　세포·조직 레벨에서의 돌연변이 유도

　　세포·조직의 동결에 의한 유전자 보존 등

유용 2차대사물의 생산
(세포의 탱크 배양 등에 의함)

식물병리
(바이러스 제거, 절체(絕體) 기생균의 유리기구 내 배양 등)

　종래에 해 왔던 품종개량 — 교잡이나 돌연변이의 이용 — 은 하나
의 유용품종을 만들어내는 데에 긴 세월이 걸렸고, 또 관계가 먼 식
물의 교잡은 불가능, 즉 '종의 장벽'이 있는 등 넘어서기 힘든 한계가
있었다.

　최근에 크게 화제거리가 되고 있는 새로운 바이오테크놀러지의 기
간기술(基幹技術)인 재조합 DNA 기술이나 세포융합*의 최대 포인
트는 '종의 장벽'을 넘어서 유전자를 교환할 수 있다는 점이다. 이것
은 불과 20년쯤 전에는 생각할 수 없었던 획기적인 기술이며, 이 기

술이 개발됨으로써 넓은 범위의 식물로부터 유용유전자를 추출하여 그것을 목적하는 식물에 도입해서 새로운 우수한 형질을 갖춘 우량 품종을 육성하는 일이 기본적으로는 가능해진 것이다.

1. 식물세포의 특성

그런데 식물세포에는, 동물세포에서는 볼 수 없는 두드러진 특성이 있다. 그것은 한 개의 세포를 배양해서 분열 증식한 세포의 덩어리로부터 식물 개체를 분화 재생시킬 수 있는 점이다. 이것을 '분화전능성(分化全能性)'이라 부르고 있다.

이것에는 물론 배양조건의 컨트롤이 필요하며, 현재로서는 모든 식물에서 배양세포로부터 개체를 분화 재생시킬 수 있는 단계에는 이르지 못하고 있으나, 최근의 연구 진전은 눈부신 것이 있어, 분화 재생에 성공한 식물의 종류가 급속히 불어나고 있다.

특히 이 특성이 있기 때문에 세포 레벨에서 새로운 유전형질 즉 유전자 DNA를 도입할 수 있으면, 새로운 형질을 가진 식물체를 얻는 것은 원칙적으로 가능하다. 이것이 식물의 바이오테크놀러지의 가장 큰 특색이며 또한 이점이다.

2. 식물의 새 품종을 만드는 세 가지 단계

그런데 어떤 식물에 다른 식물의 유용한 유전자를 도입하여 그것을 식물체 안에 안정하게 유지시켜서 새로운 성질을 갖는 식물을 육성하고, 그것을 재배품종으로서 확립하는 데는 크게 나누어 다음과 같은 세 가지 단계가 있다.

제1단계는 유용유전자 DNA의 탐색과 클로닝*(cloning) 및 클로

5. 식물의 바이오테크놀러지   63

닝한 유전자 DNA를 식물세포로 도입하기까지이다.

제2단계에서는 유전자가 도입된 세포를 배양하여 세포분열을 일으켜서 캘러스*(callus)를 만들고, 분화를 유도해서 식물 개체를 재생시킨다.

제3단계는 도입한 유전자가 발현하여 목적으로 하는 형질이 부여되고 있는가 어떤가를 점검하거나, 재배시험을 하여서 새로운 품종을 확립하기까지의 과정이다. 마지막의 제3단계에는 전통적인 육종기술이나 지식이 유효하게 활용될 수 있을 것으로 생각된다.

우선 제1단계인데, 이 문제에 대해서는 제6장에서 이케가미(池上)씨의 글이 있기 때문에 상세한 것은 뒷장으로 미루기로 하고 여기서는 간단히 언급하는 데에 그치기로 한다.

유전자를 도입하는 방법으로서는 우선 세포융합이 있다. 세포융합도 넓은 의미로서의 유전자 재조합방법의 하나라고 볼 수 있는데, 식물세포는 동물세포와는 달리, 그 주위가 단단한 세포벽으로 덮여 있으므로 이것을 효소*(셀룰라아제, 펙티나아제 등)로 녹여서 알몸의 세포, 즉 프로토플라스트*로 만들 필요가 있다.

프로토플라스트의 조제에는 담배와 같이 시탄 효소로도 충분한 것이 있지만, 메꽃의 근연종(近緣種)처럼 달팽이로부터 취한 효소가 필요한 식물도 있다.

어쨌든 일단 프로토플라스트가 얻어지면 세포융합 자체는 별 문제없이 가능하다. 융합은 융합촉진제인 폴리에틸렌글리콜을 사용하는 방법과, 약한 전기자극을 주는 전기융합법이 현재 잘 실시되고 있다.

문제는 융합에 의해서 얻어진 잡종세포로부터 식물체를 재생시키는 것과 목적하는 잡종세포를 어떻게 식별하여 선별하느냐에 있다.

또 세포융합에는 두 개의 세포를 통째로 합체시키기 위해서 목적하는 유전자도 불필요한 유전자도 일단은 전부 혼합되어 버려서, 목

적의 잡종식물(체세포 잡종)의 선발에 시간과 노력이 드는 큰 문제가 있다.

이 때문에 최근에는 '비대칭융합'이라 하여 이를테면 한쪽 프로토플라스트를 X선 등으로 쪼여서 극히 일부의 염색체만을 살아남게 한 다음에 융합을 시킨다거나, 한쪽은 세포핵만을 이용하고 다른 한쪽은 세포질만을 이용하는 방법도 취해지고 있다. 그러나 이것으로도 필요한 유전자만을 남겨두는 것은 곤란하다.

다수의 유전자 세트로서 표현될 만한 형질을 얻기 위해서는 현재로서는 세포융합이 유효하지만, 특정 유전자만을 도입하는 방법으로서는 세포융합은 매우 부적합하다고 말할 수 있을 것이다.

그래서 재조합 DNA 기술에 기대를 걸게 되는데, 특정 유전자를 식물세포로 도입하기 위해서는 유전자의 '운반자'인 벡터의 개발이 불가결하다. 이 식물용 벡터의 개발에 관해서는 이케가미 씨의 글을 참조하기 바란다.

이밖에 벡터를 사용하지 않고 유전자를 도입하는 방법으로서, 미세한 유리관으로 세포핵에 DNA를 직접 주입하는 마이크로 인젝션법, 레이저 펄스에 의해서 세포벽이 있는 그대로의 세포에 순간적으로 구멍을 뚫어서 DNA를 도입시키는 방법, 전기 펄스를 사용한 일렉트로포레이션법 등이 고안되어 있다.

식물용 벡터나 DNA 도입 방법 또는 뒤에서 말하는 분화유도(分化誘導) 방법 등의 개발이 진보하더라도 핵심인 유용유전자가 단독으로 분리되고 클로닝되지 않으면 바이오테크놀러지에 의한 식물의 품종개량은 그림의 떡으로 그쳐 버린다.

현재까지 단리(單離), 동정(同定)된 고등식물의 유전자는 30종류를 약간 웃도는 정도에 지나지 않으며, 인간을 포함한 동물의 그것과 비교하면 몹시 뒤지고 있는 것이 실정이다. 더구나 그 중에서도 종자

5. 식물의 바이오테크놀러지 *65*

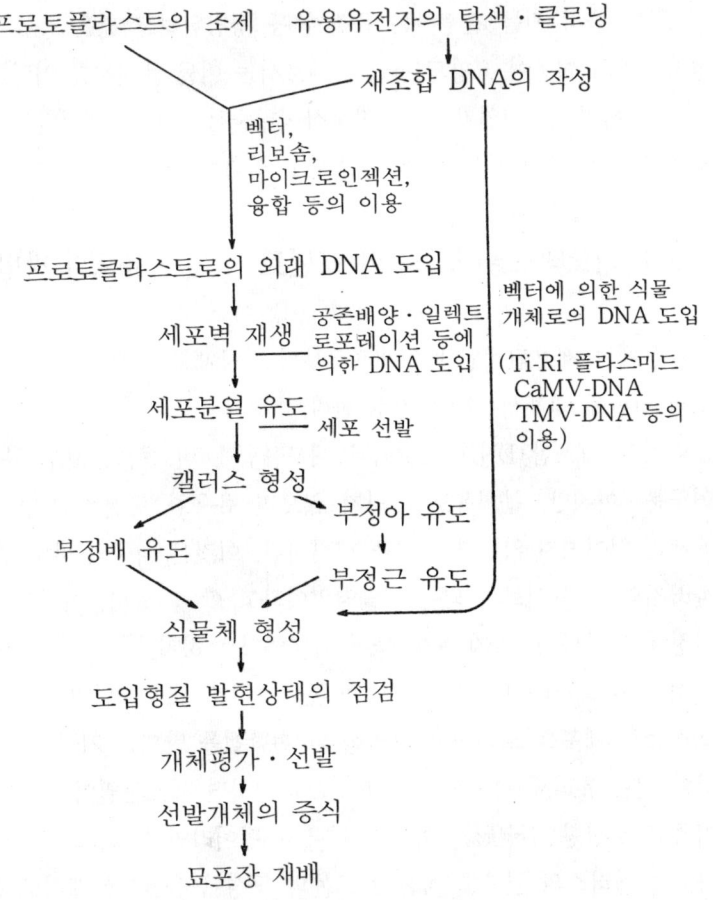

그림 5-1. 새로운 기술에 의한 식물 육종 체계

단백질의 유전자처럼 단리하기 쉬운 것이 많다.

품종개량에는 내병성, 내한성, 내서성, 내염성 등에 관여하는 유전자 또는 풀의 키를 결정하는 유전자 등 광범위하고 많은 종류의 유용유전자의 이용이 요망되는데, 현재로서는 이들 유전자를 어떻게 하여 포착하면 될 것인가 하는 학문적·기술적 문제가 해결되지 않고 있어 조급한 해결책이 절실히 요망되고 있다.

3. 바이오테크놀러지의 키 포인트 —— 분화유도의 방법

다음에는 제2단계인 배양세포로부터 식물체를 재생시키는 분화유도의 방법에 대해서 살펴보기로 한다.

이것은 재조합 DNA 기술이나 세포융합에 비교하면 매우 차분한 연구분야이지만, 분화유도가 되지 않으면 유용한 형질을 가진 식물 개체는 얻어지지 않는다는 것을 생각하면, 이것은 식물의 바이오테크놀러지의 키 포인트가 되는 기술영역이라고 할 수 있다. 여기서는 그 실정에 대해서 몇 가지 예를 들어 설명하기로 하자.

식용 아스파라거스의 잎모양을 한 가지를 호모지나이저(homogenizer ; 세포를 으깨어서 파괴한 뒤 현탁액을 만드는 기구)로 분해하여 얻은 유리세포를 적당한 배지로 배양하면 세포분열이 일어나고, 이윽고 부정형(不定形), 미분화의 세포 덩어리인 '캘러스'가 생성된다. 이 캘러스의 일부를 식물 호르몬의 구성 등을 바꾼 배지로 옮기면, 캘러스로부터 부정근(不定根)이나 부정아(不定芽)를 유도할 수 있다. 또 동일한 캘러스로부터 부정근과 부정아를 동시에 유도하는 것도 가능하다.

이들을 추출하여 키우면 식물 개체가 얻어진다. 마찬가지로 캘러스로부터 종자 속에 있는 배(胚)를 닮은 부정배(不定胚)를 유도하

는 일도 가능하다.

이것은 생식세포를 사용하지 않고 체세포로부터 유도된 부정배인데, 이 부정배를 이용하는 방법은 캘러스로부터 부정근이 부정아를 분화시켜서 개체를 얻는 방법에 비교해서 유리한 점이 있다. 그것은 체세포에 유래하는 부정배에는 장래에 싹이 될 생장점과 뿌리가 될 생장점이 처음부터 갖추어져 있다는 점과 유전적으로도 한층 안정되어 있다는 점이다.

또 이 부정배는 최근 어떤 종류의 목초나 야채에서 실용화가 연구되어 화제가 되어 있는 '인공종자'를 만드는 데도 이용되고 있다. 부정배를 젤리 모양의 것 속에 심어넣고, 고분자막으로 감싸서 인공종자로 하는 것이다.

또 부정근, 부정아, 부정배라고 하는 것은 배양세포로부터 재분화한 기관 등을 식물체 본래의 개체 발생에서 생긴 것(뿌리, 싹, 배)으로 구별하기 위해 사용되는 용어이다. 또 '캘러스'란 본래는 식물이 다쳤을 때 상처를 틀어막아 주듯이 솟아올라 오는 조직을 가리키고 있었는데, 현재는 식물의 세포나 조직을 배양하는 과정에서 생기는 부정형, 미분화의 세포덩어리를 캘러스라고 부르게 되었다.

4. 생장점 배양

잎, 줄기, 뿌리 등의 세포를 배양하는 방법 외에 줄기 잎끝의 작은 절편을 잘라내어 배양하는 '생장점 배양['경정배양'(莖頂培養)이라고도 한다]'이 여러 가지 식물에서 실시되고 있다.

생장점 배양의 이점의 하나는 바이러스에 감염되어 있는 식물이라도 생장점은 세포의 증식이 매우 빠르기 때문에 바이러스가 존재하기 어렵고, 바이러스 프리'의 묘종을 얻기 쉽다는 점이다.

이 방법에 의해서 현재 딸기, 감자, 고구마, 아스파라거스 등의 야채류, 난, 국화, 카네이션, 백합 등의 화훼류에서 '바이러스 프리'의 양산이 이루어지고 있다.

동시에 생장점 배양에서는 흔히 그 캘러스로부터 계속해서 부정아를 분화시킬 수 있기 때문에, 바이러스 프리의 식물을 만들면서도 계속적으로 증식시킬 수가 있다. 이렇게 하여 증식하는 식물체는 모두 동일한 유전형질을 갖는 개체(클론)이므로, 이와 같은 방법을 '메리클론 증식'(Mericlones 增殖)'이라고 부르는 일이 있다[역자 주 : 이 말은 분열조직(Meristem)과 클론(clone)이란 말을 합성한 것이다].

지금까지 잎, 줄기, 뿌리 등의 조직편 또는 생장점의 배양에서는 분화유도가 불가능했기 때문에 식물에서는 되도록 젊은 조직 등 이를테면 종자 속에 있는 배나 배반(胚盤)의 세포를 배양하여 다시 분화시키는 일이 시도되었고, 몇 가지 식물에서는 성공하고 있다.

5. 화분 배양에 의한 새로운 전개

화분(花粉)이나 약(葯 ; 수술 끝에 붙어 있는 화분이 들어 있는 주머니)을 배양하여 세포분열을 시키고, 화분으로부터 부정배 분화를 유도하여 이 부정배로부터 개체를 재분화시킬 수가 있다.

이것이 가능해진 것은 비교적 최근의 일인데, 화분에 유래하는 식물체는 당연히 염색체수가 본래의 절반인 반수체(半數體)이며, 이것을 콜치신(colchicine)으로 처리하면 같은 형질의 2배체(二倍體)가 얻어지고, 유전적으로 열성인 형질에서도 단기간에 발현시킬 수 있다는 것과, 육종에 요하는 연수를 단축시킬 수 있는 것 등에서 육종의 소재로서는 중요하다.

5. 식물의 바이오테크놀러지 69

화분(약) 배양에 의해서 반수체 식물이 얻어진다는 것을 알기까지 식물유전학자와 육종가는 자연상태로 극히 드물게 출현하는 반수체를 혈안이 되어 찾아다니며, 유전학의 연구와 육종의 소재로 사용해 왔다. 이것을 생각하기만 해도 화분 배양에 의한 반수체 작출의 의의가 얼마나 큰 것인가를 이해할 수 있을 것이다.

화분의 배양으로부터 부정배를 얻는 데는 화분의 발달단계에서 여러 가지 처리를 해 준다. 이렇게 함으로써 화분은 정상적인 발육단계로부터 벗어나서 부정배 형성의 방향으로 진행한다.

구체적으로는 어떠한 생리적 스트레스를 주면 부정배 형성으로 진행할 가능성이 높다. 이를테면 산소분압(酸素分壓)을 내린 상태로 일정시간을 두거나, 배지의 만니톨(mannitol ; 삼투압 효과를 갖는 당알코올의 일종)의 농도를 높여서 삼투압의 스트레스를 걸어 주는 등의 처리가 행해지고 있다.

거기에다 질소처리, 환원제의 투여 등 여러 가지 처리방법이 시험되고 있으며, 그 결과 현재까지 약 200종 이상의 식물에 약 배양에 의한 화분에서 반수체가 얻어지고 있다.

여태까지는 화분을 약째로 배양하여 반수체를 얻고 있는 경우가 많았는데, 이 방법은 반드시 효율이 좋은 것은 못 된다. 이를테면 담배에서는 한 개의 약 속에 평균 약 3만개의 화분이 들어 있는데, 약마다 배양한다면 부정배를 거쳐서 식물체가 되는 것은 그 중의 약 30개에 불과하다. 불과 0.1%의 화분 밖에 유효하게 이용할 수 없다는 것이 된다.

그래서 최근에 우리 연구실에서는 둥근잎담배(*Nicotiana rustica*)의 약으로부터 화분을 추출하여 그것을 처음부터 액체배지에서 단계적으로 배양하여 반수체 식물을 효율적으로 얻는 시스템을 개발했다.

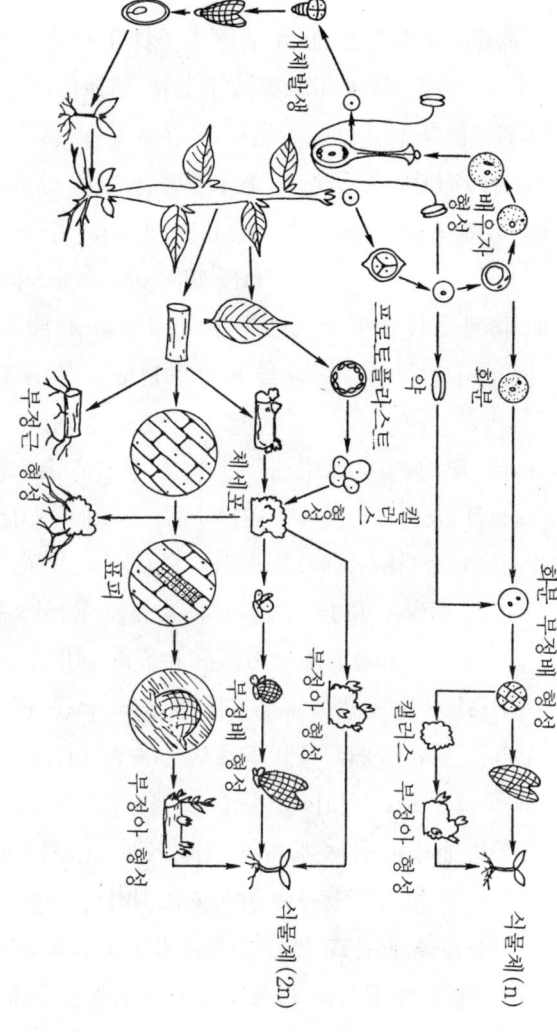

그림 5-2. 고등식물의 세포·조직·기관 배양에서의 식물체 재분화로의 여러 가지 과정

5. 식물의 바이오테크놀러지 *71*

화분을 직접 배양하여 분열을 하게 하고 부정배를 유도하는 처리
방법으로서는 여러 가지 방법을 시도해 보았으나, 결국 제1배양의
사흘 동안은 영양분을 전혀 공급하지 않는 '기아처리'를 하면 된다는
것을 알았다.

그후 영양분이 충분히 들어간 배지로 옮기면(제2배양) 세포분열이
진행되고, 다시 제3배양으로 옮기면 부정배가 얻어지고, 이 부정배를
다른 배지로 옮겨서 다시 배양하면(제4배양, 제5배양) 하나하나의
부정배로부터 반수체 식물이 얻어진다.

약 속의 화분은 다른 세포에 비교해서 매우 동질성이 높은 집단이
기는 하지만, 그래도 발육단계에 약간의 차이가 있는 것이 섞여 있
다.

그래서 우리는 '파코르'라는 약품을 사용하여 장래에 부정배가 될
가능성이 높은 화분만을 선별하여 배양했다. 그렇게 함으로써 전체
화분을 100으로 하면 약 70개는 세포분열을 일으키고, 그 중의 40
개는 부정배가 되고 다시 그것의 95%는 식물체로 된다.

즉 3만 개의 화분에서 출발하여, 1만 개 가까운 식물체가 얻어질
만한 시스템이 만들어진 것이다.

최근 수년 동안에 캘러스나 다른 조직편 등으로부터 식물체의 재
분화에 성공한 식물의 종류가 해마다 늘어나고 있으며, 10년 전과
비교하면 엄청난 진보를 보이고 있다.

이것은 먼저 어미식물의 여러 부위로부터 세포나 조직을 취하여
시험했다는 것, 또 배지에 첨가하는 식물 호르몬의 농도나 조합을 변
화시키거나, 앞에서 말했듯이 여러 가지 처리방법이 시도된 것이 주
된 이유로 되어 있다.

그러나 현재로서는 어떠한 처리를 하게 되면 그 결과로서 분화가
유도되고 식물체가 얻어진다 —— 고 하는 원인과 결과는 알고 있지

만, 그 중간 과정은 여전히 '블랙박스'인 채이다.

즉 식물의 분화 메커니즘이 학문적으로 해명되어 있지 않다. 이것이 가까운 장래에 해명될 전망도 지금으로서는 서 있지 않다. 따라서 분화의 유도는 당분간 이론적으로 해 나갈 수도 없으며, 시행착오의 반복으로 나아가지 않을 수 없는 것이 실정이다.

6. 식물에서의 유전자공학의 현황

생물의 기능을 개량하여 산업면에 이용하는 기술이 바이오테크놀러지이다. 이 첨단기술은 식품, 의약 산업분야뿐 아니라 농업분야에서도 획기적인 기술로서 주목을 끌고 있다.

그리고 바이오테크놀러지의 핵심기술인 재조합 DNA 기술은 식물의 특질에 대해서 DNA 차원에서의 이해를 가능하게 했고, 식물의 분자생물학의 진전에 크게 공헌해 왔다. 여기서는 재조합 DNA 기술에 의한 식물 육종의 기초연구인, 식물세포에로의 외래 유전자의 도입과 식물의 형질전환 연구의 일단을 소개한다.

Masato IKEGAMI (池上正人)

일본 도쿄농업대학 종합연구소 교수·농학박사. 〔경력〕 1970년 오사카(大阪)부립대학 농학부 졸업, 1975년 아데레이드대학 대학원 박사과정 수료, 캘리포니아대학 버클리교, 일리노이대학, 도쿄농업대학 강사를 거쳐 1986년부터 현직에 이름. 〔전공〕 분자생물학, 식물 바이러스학, 〔주요 저서〕『바이러스학』,『식물유전자 조작기술』

1. 내외 종자산업의 현황

미국정부는 1980년에 '서기 2000년의 지구'라는 대통령 환경문제 특별조사위원회의 보고서를 발표하고, 그 가운데서 1975년에 41억 명이었던 세계인구는 2000년에는 64억 명으로 팽창하고, 이 인구증가의 대부분은 개발도상국에서 일어난다고 지적하고 있다.

이것에 비해 경지면적은 2000년까지에 불과 4% 밖에 증가하지 않는다. 이와 같은 인구증가와 경지개발의 불균형에 의해서, 2000년에는 기아인구가 세계인구의 3분의 1에 해당하는 20억 명에 달할 것으로 예측되고 있다.

이와 같은 사태를 피하기 위해서는 여러 가지 대책이 필요하게 되는데, 그 중에서도 작물의 품종개량에 대한 기대가 크다.

지금까지의 품종개량의 역사를 살펴보면, 이를테면 미국에서의 옥수수의 1에이커당 수확량은 1930년부터 1975년의 45년간에 실로 4배로 증가하고 있다. 이것은 주로 하이브리드콘(hybridcorn ; 하이브리드는 잡종을 말함. 다른 품종을 교배하면 그 1대째는 양친보다 성장이 좋고 수확량이 올라가는 것을 이용한 옥수수)의 증수효과에 의한 것이다.

최근에는 재배기술의 향상과 농약 등의 작물 증수에 대한 공헌도가 상대적으로 저하되어 있고, 품종개량의 비중이 보다 커지고 있다.

가까운 장래에 일어날 것으로 예상되고 있는 식량란을 피하기 위해서는 보다 높은 수확량, 높은 품질의 새 품종의 육성이 필요하게 되는데, 종전의 육종기술과 더불어 지금까지의 육종기술의 벽을 넘어선 새로운 육종기술로서의 바이오테크놀러지에 큰 기대를 걸고 있다.

최근 미국에서는 식품, 약품, 화학 등의 거대기업이 종묘회사를 흡

수하여 산하로 끌어들이고 있는데, 그 이유로서

1. 종묘업체가 성장산업이라는 점
2. 종자가 국제상품으로 되어가고 있는 점
3. 새로운 품종의 권리보호제도가 확립되어 있는 점
4. 다른 산업에 비교해서 불황의 영향을 받기 어려운 점
5. 바이오테크놀러지에 의해서 새로운 품종의 육성 가능성이 나왔다는 점을 생각할 수 있다.

2. 기초가 약한 일본의 바이오테크놀러지

그런데 일본의 농업은 최근 외국산 종자에 대한 의존도를 점차 높여가고 있다. 국내 육성품종의 일본에서의 시장 점거율을 살펴보면 1980년과 81년의 평균에서 이를테면 옥수수에서는 17%에 지나지 않는다. 최근의 정보에 의하면 홋카이도(北海道)의 옥수수 재배품종은 90% 이상이 미국 바이오니아사의 종자인 것으로 나와 있다. 일본 국내에서 외국산 품종에 대항할 수 있는 새로운 품종이 육성되지 않는 한 다른 작물에서도 조만간 같은 상태가 될 것으로 생각된다.

미국의 대규모 종묘회사의 다음 표적은 무엇일까? 그것은 밀, 콩, 벼 등의 주요작물이다. 유럽의 종묘회사도 밀, 감자, 사료작물 등의 우량 신품종을 육성 중에 있다.

또 그들은 새로운 바이오테크놀러지를 사용하여 보다 우수한 품종을 만들어 시장을 확대해나가려는 전략을 전개하려 하고 있다. 당연히 그 가운데는 원예작물도 들어 있다.

이러한 국제정세에 대항하기 위해서 일본에서도 바이오테크놀러지를 사용하여 품종개량을 해야 하는 셈인데, 일본의 바이오테크놀러지의 실력은 아직도 낮다고 하지 않을 수 없다.

그 일단을 제시하면 일본에 출원된 재조합 DNA 기술에 관한 특허수(1981년까지)는 미국이 24건, 일본이 11건이며 아직 발표되지 않은 논문수는 미국 215편, 일본 37편이다. 이것은 모든 분야를 포함하고 있으며, 식물분야에서의 재조합 DNA 기술만을 살펴보면 그 차는 더욱 커진다. 물론 미국이 크게 리드하고 있다.

또 어떤 앙케이트 조사에 따르면, 바이오테크놀러지의 기초분야에서 일본이 우수하다고 대답한 연구자는 0.2%, 동등하다고 대답한 사람이 12.4%, 뒤떨어져 있다는 것이 86.8%였다. 이것도 모든 분야에 대한 것이며, 식물분야에 국한하면 회답자의 거의가 뒤떨어져 있다고 대답할 것이다.

3. 식물용 벡터의 개발상황

다음에는 바이오테크놀러지의 핵심기술인 재조합 DNA 기술에 의한 식물의 품종개량에 대한 가능성에 대해서 설명한다(그림 6-1).

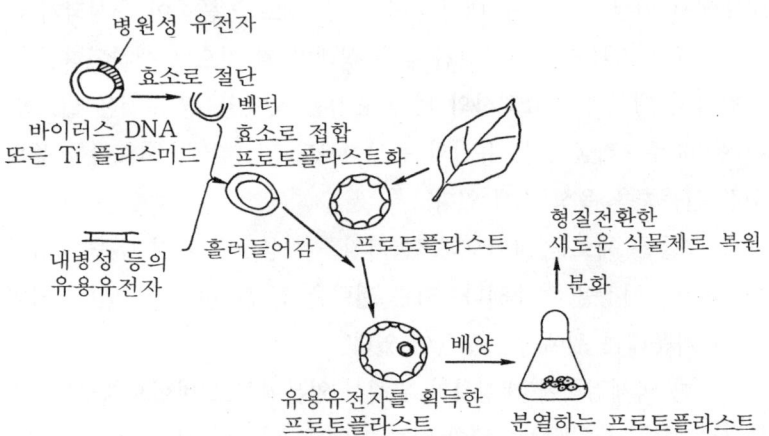

그림 6-1. 식물의 재조합 DNA(와타나베 씨의 원도에 의함)

대체적인 과정으로서는 먼저 유용 유전자를 탐색·분리하는 작업이 있고, 분리된 유용 유전자를 클로닝 벡터와 연결해서 이것을 본래의 벡터 DNA가 존재할 수 있는 적당한 균에 넣어 유용 유전자를 클로닝*한다.

한편 식물용의 발현벡터*를 개발하여 이 벡터*와 클로닝한 유용 유전자를 연결하여 재조합 DNA*를 만들고, 이것을 프로토플라스트*에 도입한다.

다음에 프로토플라스트의 세포벽을 재생시킨 다음에 분열시켜서 캘러스*를 형성하고, 그 캘러스를 재분화해서 식물체를 키운다. 또 도입된 형질을 평가하여 개체 선발을 하고, 마지막으로 묘포장(밭)에 내어서 재배한다.

말로 하면 간단하지만 이 과정에는 몇 가지 문제점이 포함되어 있다. 하나는 유용 유전자를 어떻게 탐색·분리하느냐 하는 문제이며, 또 외래의 유용 유전자를 도입한 캘러스를 어떻게 효율적으로 개체로까지 다시 분화시키느냐 하는 문제도 있다. 이것과 평행하여 식물용 벡터의 개발도 중요한 문제이다. 여기서는 화제를 식물용 벡터의 개발에 집약시켜 설명하기로 한다. 이 점에서도 일본은 구미에 크게 뒤지고 있다.

현재 식물용 벡터로서 가장 유력시되고 있는 것은 토양세균의 일종인 아그로박테륨(*Agrobacterium tumefaciens*)의 핵외(核外) 유전자 Ti 플라스미드이다. 이 세균은 본래 너도밤나무와 같은 쌍자엽식물(雙子葉植物)이 숙주인데, 최근 어떤 종류의 벼과 식물에도 감염시키는 데 성공했다는 보고가 있다.

어쨌든 식물에 감염하면 Ti 플라스미드의 일부분(T-DNA라 불리고 있다)이 숙주의 염색체 DNA에 짜넣어져서 '크라운 골'(crown gall)이라 불리는 종양을 형성한다(그림 6-2).

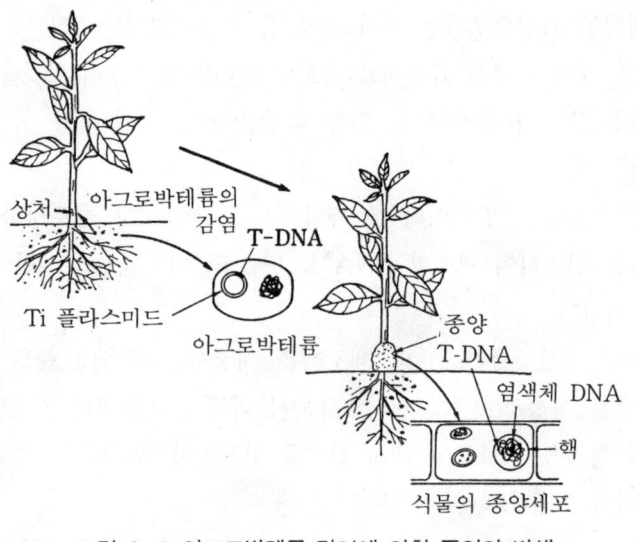

그림 6 - 2. 아그로박테륨 감염에 의한 종양의 발생

이 종양조직은 다음과 같은 특징을 지니고 있다.

① 염색체 DNA 속에 T - DNA가 짜넣어져 있다.

② 종양조직을 인공배양할 경우, 시토키닌, 옥신 등의 식물 호르몬을 필요로 하지 않는다. 이것은 T - DNA에 이들 식물 호르몬을 생산하는 유전정보가 코드*되어 있기 때문이다.

③ 오핀이라고 총칭되는 비단백성 아미노산이 함유되어 있다.

오핀 속에는 옥토핀이나 노팔린(nopaline) 등이 있으며, Ti 플라스미드는 그것이 생산하는 오핀의 종류에 따라서 분류된다. 옥토핀 합성효소의 유전자를 가진 플라스미드를 '옥토핀형 Ti 플라스미드', 노팔린 합성효소의 유전자를 가진 플라스미드를 '노팔린형 Ti 플라스미드'라고 부르고 있다.

이 두 가지 형의 Ti 플라스미드의 유전자지도는 자세히 조사되어 있다. 이를테면 옥토핀형 Ti 플라스미드의 T - DNA상에는 옥토핀

합성효소의 유전자나 종양의 형태를 결정하는 유전자가 코드되고, T-DNA 이외의 영역에는 병원성을 결정하는 유전자 등이 코드되어 있다.

또 T-DNA로부터 전사되는 메신저 RNA(m-RNA)*도 7종류가 발견되어 있는데, 이것들은 진핵생물*의 m-RNA와 같은 구조를 하고 있다.

T-DNA는 미생물에 유래하는 것인데도 미생물 속에서는 발현하지 않고 식물의 염색체 속에 짜넣어져서 발현하는 것은 이 때문이다. T-DNA가 짜넣어진 염색체로부터 다시 T-DNA을 잘라내어 그 말단을 조사해 보면 25염기쌍의 공통배열을 볼 수 있는데, 이것이 식물의 염색체에 짜넣어질 때에 중요한 역할을 하고 있다고 한다.

4. Ti 플라스미드의 특징

이 Ti 플라스미드가 식물용 벡터로서 왜 적합한지 그 이유는 다음의 세 가지 점으로 요약될 수 있다.

① T-DNA가 숙주염색체 DNA에 짜넣어져서, 염색체 DNA의 일부로서 증식한다.

② 짜넣어진 T-DNA는 숙주세포 속에서 발현하고 있다.

③ 짜넣어진 T-DNA는 숙주식물의 자손에게 전달되어, 안정하게 존속을 계속할 수 있다.

따라서 어떠한 방법으로 외래유전자를 T-DNA에 짜넣어 이 T-DNA를 가진 Ti 플라스미드를 식물로 도입하면, 그 외래 유전자는 염색체 DNA에 짜넣어져서 발현하고 자손에게까지 안전하게 전해져 가게 된다.

여기서 Ti 플라스미드를 사용하여 외래 유전자를 식물에 도입하는

한 가지 방법을 말한다.

Ti 플라스미드는 커다란 DNA 분자(분자량 9000만~1억5000만)
이므로, T-DNA 영역에 직접 유전자를 도입하는 것은 곤란하다.
그 때문에 중간벡터를 사용하여 생체 내 재조합에 의해서 T-DNA
영역의 특정 군데에 유전자를 도입하는 방법이 취해진다.

우선 최초에 T-DNA 상의 한 DNA 단편을 대장균의 플라스미드
에 짜넣는다. 만들어진 재조합 플라스미드의 T-DNA 영역에 외래
유전자를 짜넣어서, 아그로박테륨 속에서도 복제가 유지되는 넓은 숙
주역을 가진 플라스미드(중간 벡터)와 연결하여 복합 플라스미드를
작성한다.

이 복합 플라스미드를 야생형의 Ti 플라스미드를 가진 아그로박테

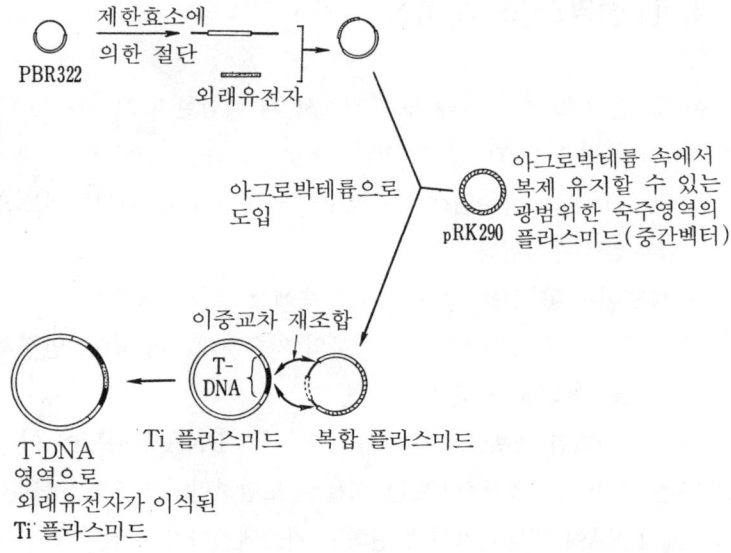

그림 6-3. 중간벡터를 사용하여 외래 유전자를 Ti 플라스미드의 T-DNA
영역으로 도입하는 방법

름에 도입한다. 도입 후 외래 유전자의 양쪽에 있는 두 개의 T-DNA 단편은 Ti 플라스미드 속의 상동영역(相同領域)과 재조합을 할 수 있다.

이 이중교차 재조합반응에 의해서 Ti 플라스미드 속에 외래유전자가 삽입된다(그림 6 - 3). 이와 같은 세균의 감염에 의해서 형질이 전환된 식물세포는 게놈*에 외래 유전자를 가지며, 이 세포로부터 식물체를 재생시키면 외래 유전자를 가진 식물체가 얻어진다.

이와 같은 방법이나 이와 비슷한 방법에 의해서, 지금까지 세균에 유래하는 항생물질(네오마이신, 카나마이신, 클로람페니콜 등) 내성 유전자, 강낭콩의 종자단백질인 파세올린(phaseolin)의 유전자, 옥수수의 종자단백질인 제인(zein)의 유전자, 담배모자이크 바이러스의 외피단백질의 유전자 등을 고등식물의 세포에 도입하여 식물세포의 형질전환*에 성공하고 있다.

외래 유전자 도입 벡터의 개발과 더불어 각종 식물의 유전자의 단독분리와 구조해석의 연구도 급속히 진보하고 있다.

지금까지 종자단백질의 유전자, 리블로오스 세린산 카르복시라아제 / 옥시게나아제나 클로로필 a / b 결합 폴리펩티드 등의 광합성에 관여하는 유전자, 레그헤모글로빈 등의 질소고정에 관여하는 유전자, 그밖에 알코올 탈수소효소의 유전자, 열유도단백질의 유전자, 제초제 S - 트리아딘 저항성의 폴리펩티드의 유전자 등이 단리되어 그것들의 구조해석 연구가 이루어졌다.

연구가 진행됨에 따라서 고등식물의 유전자 구조는 대장균 등의 원핵생물*의 유전자의 구조와 다르다는 것이 밝혀져 왔다. 즉 고등 식물의 유전자 외에는 RNA*에 전사한 후에 제거되어 버려서 단백질로 번역되지 않은 특별한 DNA 배열이 존재하고 있다.

이 배열은 개재배열(介在配列) 또는 인트론(intron)*이라고 불리

82

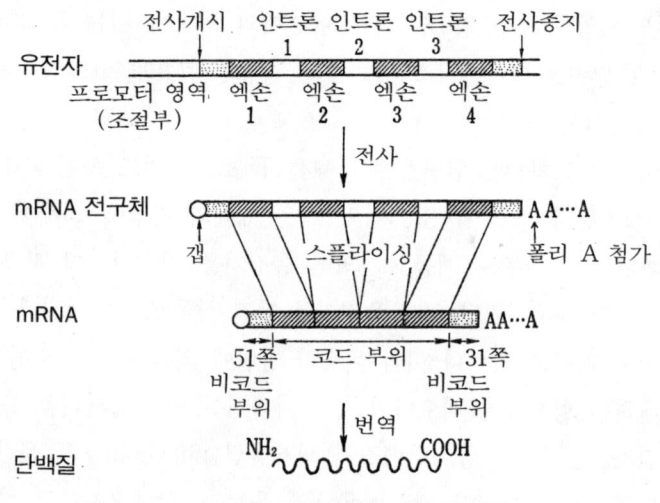

그림 6 - 4. 진핵생물의 유전자의 구조와 발현

고 있다(그림 6 - 4).

재조합 DNA 기술에 의한 제초제의 내성이나 식물바이러스 저항
성인 식물을 만들어내는 것은 가까운 장래일 것이다. 그러나 식물 육
종을 할 때 중요한 내한성이나 내염성 등의 성질은 아마도 복수의
유전자에 의해서 지배되고 있기 때문에, 그들 유전자의 단리나 그들
유전자에 의한 식물의 형질전환은 더욱 세월이 필요할 것이다.

앞으로는 유용유전자의 단리 및 그 구조해석과 더불어, 삽입된 유
전자를 식물이 생장하는 어느 시기에 발현시키느냐 하는 문제 또는
어느 조직에서 발현시키느냐 하는 유전자의 발현조절이 중요한 과제
가 될 것이다.

최근 독일의 막스 플랑크 연구소에서 빛이나 온도에 반응하여 유
전자의 발현을 조절하는 영역[프로모터(promotor) 영역]의 단리에
성공하고 있다. 또 이 프로모터 영역과 외래 유전자를 연결하여 담배
에 도입해서, 외래 유전자의 발현을 빛이나 온도에 의해서 조절하는

데도 성공했다.

Ti 플라스미드에 의한 외래 유전자의 도입을 벼 등의 주요작물을 포함하는 단자엽(單子葉) 식물에 확대하는 일도 중요할 것이다. 또 벡터로서 엽록체 DNA, 식물의 트랜스포존(transposon)*이나 바이러스*를 이용하는 연구도 진행되고 있으며, 벡터를 사용하지 않는 DNA의 도입방법도 개발 중에 있다.

5. 제미니바이러스도 유망

마지막으로 우리가 도쿄대학 공학부의 미우라(三浦謹一郎) 교수 및 테인진(帝人) 주식회사 중앙연구소의 모리나가(森永傳) 씨와 진행하고 있는 제미니바이러스*의 벡터화 연구에 대해서 간단히 언급해 두고 싶다.

제미니바이러스란 식물에 감염하는 소수의 DNA 바이러스의 하나로서, 그 핵산은 두 종류의 환상(環狀)의 단사슬 DNA이다. 왜 이 바이러스에 착안하고 있는가 하면,

1. 제미니바이러스는 한 세포당의 복제수가 많고 또 유전정보의 발현량도 많다.
2. 제미니바이러스는 식물의 전신에서 증식한다.
3. 제미니바이러스는 밀, 옥수수 등 벼과 식물이나 콩과 식물, 가지과 등 농업상 중요한 작물에 감염한다.

따라서 이 바이러스는 벼과 식물이나 농업상 중요한 작물의 벡터로서 개량하여 농업상 중요한 작물의 형질전환이나 식물체 내에서의 유용물질의 생산을 위해서 사용하고 싶다고 생각한 것이다.

제미니바이러스에 감염된 잎으로부터 제미니바이러스 환상 단사슬 DNA의 복제형인 쌍사슬 DNA를 분리하여 대장균의 플라스미드에

클로닝했다. 이 클로닝화 DNA에도 식물에 감염성이 있기 때문에 제
미니바이러스 DNA의 벡터화에는 이 클론화 DNA를 사용하여 재조
합 DNA 기술을 직접 이용할 수 있다.

우리는 이미 제미니바이러스균에 속하는 bean golden mosaic
virus(BGMV) DNA의 전체 염기배열을 결정하고 있는데, 두 종류
의 DNA(각각의 염기수는 2646과 2587이다)에 공통된 염기배열이
205염기가 있고, 그 중에 안정된 헤어핀 구조*를 볼 수 있다.

이것이 아마 DNA의 복제에 중요한 복제 개시점이 아닌가 하고
생각하고 있다. BGMV-DNA의 전체 염기배열로부터 추정하여,
BGMV-DNA에는 8개의 유전자 자리가 존재하고 현재 어느 유전자
자리에 외래 유전자의 도입이 가능한가를 검토 중이다.

제미니바이러스의 벡터화는 해결해야만 할 문제가 남겨져 있는데,
이 바이러스의 DNA는 숙주역이 앞에서 말했듯이 벼과(단 벼에는
감염하지 않는다)나 콩과, 가지과 등 농업상 중요한 작물인 것을 볼
때 제미나바이러스의 벡터화는 농업상 큰 의미가 있는 것으로 생각
된다.

7. 유전자공학과 의학

생명연구에 유전자 DNA를 다루는 사고방법과 기술이 사용되게 됨으로써 몇 가지 분야에서 변모가 생기고 있다. 의학도 그런 분야의 하나이다.

그래서 주요한 문제 네 가지를 골라내어 개관하고, 사견을 섞어 가면서 그 전망을 시도해 보았다.

Kenichi MATSUBARA(松原謙一)

일본 오사카대학 세포공학센터장, 이학박사. [경력] 1956년 도쿄대학 이학부 화학과 졸업, 1975년 오사카대학 의학부 교수, 1982년부터 세포공학센터 교수 역임. [전공] 분자생물학 [역서]『세포의 분자생물학』

고등생물의 유전자 DNA를 추출하여 해석하는 연구가 눈부신 추세로 진행되고 있다. 사람의 DNA*의 해석도 그것의 중요한 일각을 이루고 있다.

이 폭발적이라고도 할 수 있는 DNA 해석 시대를 가져오게 한 것은 분자생물학의 발전에 의한 유전자의 이해 진전과 DNA 클로닝*, 염기배열* 결정, DNA를 세포로 되돌려 놓는 기술 등의 출현이다.

이 때문에 지금까지 변이에 의존하여 추진되어 왔던 유전학적 연구방법으로는 힘이 미치지 못했던 고등생물(특히 고등동물)의 유전자 해석이 가능하게 되었다.

고등동물의 유전자에 관한 데이터가 축적됨에 따라서 원핵생물*과 진핵생물*의 유전자의 기본적인 공통성과 차이가 조금씩 밝혀져 왔다. 고등생물에 속하는 사람의 유전자계는 다른 고등동물의 그것과 공통인 성질과 독특한 성질을 더불어 갖추고 있다. 유전자계로서의 사람 연구의 진전은 단순히 생물학상의 지식의 증대를 가져다 줄 뿐 아니라, 여러 가지 분야에 영향을 끼친다. 이 장에서는 그 중에서도 의학과 관련되는 문제를 중심으로 하여 현황을 개관하고 싶다.

1. 사람의 유전자 연구

현재 클로닝되어 염기배열의 수준에서 해석된 사람의 유전자는 약 500 예에 이르고 있다.

현재의 기술수준에 따르면, 다소의 곤란은 있더라도 희망하는 임의 유전자를 비교적 단시간에 손에 넣을 수가 있다. 따라서 사람 유전자의 해석 예는 더욱 급속히 증대할 것이다.

이밖에 사람의 제한효소*에 의한 절단의 다양성 즉 다형(多型)*과 관련된 DNA 단편도 광범위하게 조사되고 있으며, 그 수는 약

300를 넘고 있다. 이리하여 약 800에 이르는 사람의 유전자 DNA의 데이터가 데이터 베이스화되어 있다.

이들 염기배열의 총 수는 약 30억 염기쌍이 있는 사람의 전체 게놈* DNA의 0.04% 쯤에 해당한다.

염기배열 데이터의 축적과는 정반대로 유전자의 기능조절에 관한 정보는 지극히 부족한 상태에 머무르고 있다. 실제로 염기배열의 데이터로부터 그 DNA 영역의 기능을 추론한다는 것은 거의 불가능하다.

이것은 사람에 한정된 문제가 아니라, 고등동물의 유전자계 전반에 걸친 문제이며, 생물정보의 유연성에 대처할 수 있는 데이터가 부족하기 때문이다. 그러나(정보의 해독은 불문에 부치기로 하고) 어쨌든 사람의 전체 게놈의 염기배열을 결정해 버리면 어떻겠는가 하는 논의가 1986년 초부터 미국을 중심으로 하여 이루어지고 있다.

그 근저에는 배열 결정기술의 급속한 진전에 대한 기대감과 데이터의 집적 가운데로부터 오히려 기능을 미루어 생각할 수 있는 실마리가 얻어지지 않을까, 또 이를테면 암 등에서 여러 가지 변화를 모두 유전자의 수준에서 기술함으로써 연구를 심화시킬 수 있지 않을까 하는 낙관적 기대감이 있는 듯하다.

일단 스타트를 하게 되면, 적잖은 경비와 노력을 소비하는 이런 종류의 프로젝트는 아마 사람의 연구에 한정될 것이다. 그러나 그 생명연구에 미치는 영향이 얼마나 큰 것인가는 상상하고도 남음이 있다.

사람의 유전자 연구에는 또 하나의 접근이 있다. 그것은 염색체의 유전자, DNA의 배열지도의 작성이다. 이리하여 클로닝된 유전자 DNA, 또는 제한효소의 절단 단편의 물리적 연쇄지도가 잇달아 만들어지고 있다.

분자의 수준에서 말하려는 시도에 비교한다면 염색체 지도는 엄청나게 조잡한 것에 지나지 않지만, 마커* 사이에 또다른 마커를 지도화하는 작업은 확실히 진행되기 때문에 지도는 정밀해지고, 그렇게 되면 될수록 유전성 질환의 유전자 수준에서의 이해를 비롯하여 의학상의 여러 가지 문제에 중요한 공헌을 할 수 있게 된다.

사람 유전자계의 연구는 염기배열 결정에 의존하건, 지도작성에 의존하건 대규모이고 체계적인 해석을 필요로 하며, 또한 데이터 처리에 의존하는 문제로 착실하게 나아가고 있다.

사람 유전자 연구를 통해서 나타나게 된 중요한 지식의 하나는 유전자의 다형(多型)*일 것이다. 두 사람의 DNA를 같은 영역에서 비교하면 평균 약 200 염기쌍에 한 개 꼴로 다른 부분 즉 염기의 치환이나 삽입 결실 등 여러 가지 차이가 확인된다고 한다. 사람의 유전자 집단은 변화가 풍부한 것이다.

다형의 대부분은 질병과는 직접으로는 관계하고 있지 않지만, 유전적 원인에 의한 질환 또는 그 원인이 되는 결손 유전자도 유전자 집단의 다양성에 관한 문제의 예로서 파악되어야 할 것이다. 다형의 존재는 완전히 건전한 사람이란 존재하지 않는다는 것, 유전자 수준에서는 정상과 비정상 사이에 확연한 구별을 짓기 어렵고 오히려 연속이라고 하는 것을 우리에게 가르쳐 준다.

유전자의 결손 또는 부적당한 발현은 대부분 발생 분화의 어느 단계에서 나타낼 터이므로 성체(成體)가 된 사람에게 인정되는 유전성 질환보다도 유산(流産)이라고 하는 형태로 배제되어 버리는 유전자의 기능부전이, 사람이라고 하는 전체의 사회에서는 압도적으로 많은 것으로 생각된다.

유전자의 다형은 적당한 제한효소를 선택한 수턴 분석(E. M. Southern이 개발한 분석법으로 특정 유전자의 검출이나 유전자 구

조의 해석에 사용된다)에 의해서 절단 패턴의 차이로서 비교적 쉽게 검출될 수 있다. 이것을 'RFLP'(제한단편길이 다형성 ; restriction fragment length polymorphim)라고 부르고 있다. 이것을 마커*로 사용하여 각각의 다형 마커*마다 집단을 그룹으로 나누어 염색체 지도를 만들 수 있다.

2. 의학에 관련된 DNA 연구의 주요한 문제

사람의 유전자 연구는 네 가지 분야에서 특히 중요한 진전을 이룩하고 있는 것으로 생각된다. 그것은

(1) 미지의 병인(病因)에 대한 해석수단의 제공.

(2) 완전히 새로운 병태(病態) 모델의 작출.

(3) 생물에서의 분자수준의 커뮤니케이션에 관한 연구의 진전

(4) 새로운 약 만들기의 전개

이 중에서도 (1)의 '미지의 병인에 의한 질병', 즉 난치병의 원인 해명에 대한 DNA 연구의 공헌은 충격적이라고도 할 수 있다. 두드러진 예로서 헌팅턴(G. S. Huntington)의 무도병(舞蹈病)을 들 수 있다.

헌팅턴병은 발병의 기작(機作)도 비정상적인 생화학적 양상도 알 수 없었던 질환이었는데, 멘델형의 우성유전(優性遺傳)을 하는 것을 실마리로 하여 가계(家系) 분석과 높은 연관을 가리키는 DNA 단편이 발견되었다. 그 DNA는 제4염색체에 존재하며, 그 근방에 질환과 관련된 유전자가 있는 것이 밝혀져서, 단숨에 그 유전자의 동정(同定)으로 향한 연구가 진행되고 있다.

시스틱파이브로시스(제7염색체), 뒤시엔느형 근위축증(Duchenne's dystrophy, X염색체) 등 난치병의 원인유전자도 이런 방법론으로써

해명의 길이 트여 있다.

미지의 질환이 모두 이와 같은 방법으로 알 수 있다고는 생각되지 않지만, 가까운 장래 많은 병인이 해명될 것은 틀림없다.

윌름스 종양, 레티노블라스토마(retinoblastoma ; 망막아종) 등의 높은 발암가계에서는 특정 염색체의 제한된 영역에 결실(缺失)이 있어서, 이것을 서로 보완하는 '정상적인' 염색체에도 결실이 일어나거나 또는 '정상적인' 염색체 자세가 상실되어 열성호모(열성유전자만) 상태가 되면 발암에 이른다. 이와 같은 발암을 억제하는 유전자계에 대한 해석의 길이 트였다는 것도 특기할 만한 일일 것이다.

이밖에 많은 유전성 질환에 대해서 그 원인유전자의 동정이나 나아가서는 질환의 원인이 되는 변이의 동정이 진행되고 있다. 이것들을 매개로 하여 발암의 기서(機序)의 이해, 발증 전 진단(출생 전 진단을 포함)의 진전은 헤아리자면 끝이 없다.

표 7-1은 세계에서의 10대 난치병의 리스트인데, 1986년 현재

표 7-1. 유전자의 결함에 의한 10대 난치병

낫모양적혈구증	1/625(흑인)
미스틱파이브로시스	1/2,000(백인)
Fragile x Chromosomes	1/1,000(남)
β 탈라세미아	1/2,000(지중해 연안 주민)
테이삭스병	1/3,600(유태인)
페닐케톤뇨증	1/4,000(백인)
혈우병	1/2,500(남)
뒤시엔느 근위축증	1/5,000(남)
α 1 안티트립신결손병	1/40,000
헌팅턴 무도병	1/20,000
	(숫자는 보균자의 인원수)

이 표에 있는 모든 질환에 대응하는 원인유전자 또는 거기까지에는 이르지 않더라도 그것과 밀접한 연관을 갖는 '근방의' DNA가 입수되어 있다.

이러한 지식과 DNA 시료의 축적에 힘입어 DNA 진단은 이윽고 의학에서 중요한 수단이 될 것이 틀림없다. 특히 앞에서 말했듯이 발증 전에 진단이 가능한 것과, 연구의 진전에 수반하여 복잡한 문제에 대처할 수 있게 될 것은 자명한 일이다. 그에 수반하여 질병의 소인(素因)에 대한 진단과 지도가 가능하게 된다는 것은 지극히 중요하다.

DNA 진단은 난치병의 진단뿐 아니라 표 7-2에 보인 것과 같이 다양한 분야로 활용의 길이 트이고 있다. 다만 DNA 진단에는 몇 가지 기술적 제약이 있어 그 보급이 늦어지고 있는 것이 현실이다.

표 7-2. DNA 진단의 주된 대상

Ⅰ) 감염증의 진단

Ⅱ) 유전자의 선천적 변화의 진단(출생 전 진단을 포함)

Ⅲ) 법의학적 진단

Ⅳ) 암 등 유전자의 후천적 변화에 관련된 진단

Ⅴ) 조직 적합성의 테스트

Ⅵ) 질병 감수성의 테스트

(주 : 의학에 관련된 것만 표시)

미지의 병이라는 것을 항목에 포함시키는 것은 적절하지 못할는지 모르나, 암 연구에서 DNA 연구가 얼마나 중요한 역할을 하고 있느냐 하는 것도 새삼스럽게 강조할 필요는 없을 것이다. 이 방법론에 바탕하여 암의 생물학적 해명이 진전되었는데, 그 상세한 것이 여러

총론에서 논의되어 있기 때문에 여기서는 생략한다.

다만 이러한 유전자연구 중에서부터 세포의 증식을 관장하는 여러 가지 물질 이를테면 세포증식인자와 그 리셉터(수용체), 그것을 매개하여 화학신호가 세포 내 신호로 전화(轉化)하는 메커니즘, DNA 의 활성 조절의 메커니즘 등이 차츰 밝혀져 왔다는 것을 들어두고 싶다.

DNA 연구는 또 암에 대해서 방사선 요법이나 화학 요법, 외과적 요법과 더불어 있게 될 제4의 요법 즉 시그널 물질이나 면역에 관한 여러 인자를 동원한 새로운 처치법〔인터페론, 인터류킨(interleukin) 등을 사용하는 처치법〕의 발달을 촉진하고 있으며, 또 유전자 수준의 진단으로부터 투약의 지침, 예후의 예측 등에도 중요한 실마리를 제공하는 것으로서 앞으로도 활발하게 연구가 계속될 것이라고 생각한다.

(2)로 든 '완전히 새로운 병태 모델의 작출'과 관련하여, 수정란 조작과 의학의 관련도 무시할 수 없게 되었다. 특히 마우스의 수정란 조작에 의한 사람의 병태 모델 동물을 만드는 연구가 의학에 큰 영향을 가져올 것이 기대된다.

뇌종양이나 췌종양의 발생가계를 비롯하여 아밀로이드 침착, 모델 간염 등의 병상을 가리키는 질환동물을 합리적으로 설계·작출하는 방법이 한 쪽에 있고, 다른 쪽에는 레트로바이러스*의 게놈 삽입에 의해서 임의의 유전자를 실활(失活)케 하여 어떤 질환이 일어나는가를 조사하는 방법이 있다.

배 발생 개시 후 12일 째에 혈관이 파괴되는 콜라겐 유전자 실활증(失活症), 사지의 발육을 관장하는 유전자의 실활, 정자형성 부전 등 중요하고 흥미로운 유전자의 변이가 잇달아 만들어져서, 그들의 행동을 조사함으로써 정상적인 발생과정에서는 어떤 기능을 하는 것

인가를 알아내려는 무한에 가까운 가능성이 거기에는 있다.

지금까지 거의 손을 대지 않았던 발생 도상에서의 이상을 중심으로 한 새로운 질환의 발견, 새로운 발증 메커니즘의 해명, 그 대처방법의 검토 등도 이 노선 위에서의 작업이다.

(3)의 '생물에서의 분자수준의 커뮤니케이션'에 대해서도 DNA 연구의 힘으로 비로소 커다란 돌파구가 마련되었다. 그 중에서도 세포간 커뮤니케이션을 관장하는 물질('화학신호'라고 부르는 사람도 있다) 이를테면 분화유도인자, 세포증식 조절인자, 신경전달물질의 연

표 7 - 3. 현재 연구대상으로 되어 있는 주된 분화 · 성장인자

신경 성장인자	골(骨) 유래 성장인자
상피 성장인자	골격 성장인자
모유 유래 성장인자	내피세포 유래 성장인자
섬유아세포 성장인자	고환 유래 성장인자
인슐린	세류톨리세포 성장인자
인슐린성 성장인자	유방 자극인자
뇌섬유아세포 성장인자	척수 성장인자
산성 섬유아세포 성장인자	콜로니 자극인자
혈소판 유래 성장인자	에리트로포이에틴
혈소판 염기성 단백질	T세포 성장인자
결합직 활성화인자	B세포 성장인자
소마토메딘	인터류킨 1
종양 괴사인자	인터류킨 3
인터페론	트롬보포이에틴
종양혈관 형성인자	호산구세포 성장인자
골원성육종 유래 성장인자	안(眼)유래 성장인자
섬유아 유래 성장인자	

구 등이 가능하게 되었고, 그와 더불어 그것들에 대한 리셉터(수용체) 연구도 대폭적인 진전을 보이고 있다. 신경전달 메커니즘까지도 포함하여 지금까지 손을 대기 어려웠던 문제는, 이렇게 하여 유전자 쪽에서부터 해명되기 시작했다.

표 7-3에 대표적인 화학신호물질, 특히 분화·성장인자의 연구 예를 들어본다. 면역계인 T, B세포의 작용과 증식을 관장하는 인터류킨 등의 화학신호와 그 리셉터류, 인터페론, 에리트로포이에틴(erytropoietin) 등 많은 것이 늘어서 있는데 이 리스트의 내용은 당분간 계속하여 불어날 것이다.

분화·증식에 관련된 연구의 진전은 세포의 개조나 장기의 재생 연구 등과도 이어져 있다.

(4) 'DNA 연구에 떠받쳐진 약 만들기의 연구'의 진전도 생략할 수 없는 중요한 문제이다. 표 7-4에는 이미 개별연구가 진보된 단계에 있는 것을 보였다. 이것들은 바이오테크놀러지에서의 유전자공학의 응용 예로서 주목되고 있는 문제이지만, 여기서는 기업전략이나 개발투자 대상으로서의 화제성뿐 아니라 그것이 의학에 미치는 영향이 크다는 점을 특히 강조하고 싶다.

앞에서 말한 인터페론이나 인터류킨 등의 예 또는 성장호르몬 등을 포함하여, 지금까지 손에 넣을 수 없었던 생리활성물질을 대량으로 입수할 수 있게 됨으로써 그것들의 작용 메커니즘의 연구, 거기서 일어나는 일련의 반응의 해명을 비롯하여 기초의학에서의 중요한 연구분야가 널리 개척되고 있다. 그와 더불어 임상의학에서의 새로운 진단법이나 새로운 치료법을 낳게 하는 동기를 부여하게 된다.

인터류킨 II의 대량사용이 일부의 암에 대처하는 새로운 방책을 낳고 있는 현상이나, 에에트로포이에틴의 투여가 적혈구의 증산을 촉진하는 것을 응용하여 대량의 실혈(失血)에 미리 대비하는 기법을

표 7 - 4. 유전자공학에 의하여 생산되고 있는 주요 약

인슐린 /성장호르몬 /인터페론(α, β, γ) /인터류킨(I, II, III) /에
리트로포이에틴 /과립구·마크로퍼지 콜로니 자극인자 /IGF(I,
/혈장판 유래 성장인자 /표피성장인자 /신경성장인자 /종양괴사인자
(TNF) /종양성장인자(TGF) /엔돌핀 /엔케팔린 /심방성 나트륨 이
뇨펩티드 /서브스탄스 K·P /안지오텐신 /레닌 /플라스미노겐악티베
이타 /α안티트립신 /우로키나아제 /혈액응고제 VIII·IX인자 /슈퍼옥
시드 디스무타아제 /페닐알라닌수산화효소 /B형 간염 표면항원 /사람
백혈병 바이러스·엔벨로프단백 /AIDS 바이러스 관련 단백 /폴리오
바이러스 표면단백 /헤르페스바이러스 항원 /각종 리셉터 /각종 항체
/약간의 보체(補體) /알부민

개발할 가능성을 가리키고 있는 것 등은 이와 같은 예의 극히 일부
이다.

또 지금까지의 주사 또는 경구(經口)에 의존하는 약의 투여를 대
신하여, 세포를 개조해서 바라는 물질을 지속적으로 생산시켜 가면서
그 세포를 체내에 유지하고 필요하다면 증식시키는 세포공학 방식의
개발도 그리 멀지 않은 장래에 가능해질 것으로 예상되고 있다(그것
을 가능하게 하는 것은, 앞에서 말한 세포분화·증식인자 연구의 진
전이다).

이리하여 '바늘 없는 투약'이 출현하게 되면 현행의 제약이나 의료
체계에 얼마나 큰 개혁을 가져오게 되는지 그 영향의 크기를 상상하
기란 어렵지 않다.

마지막으로 약 만들기에 관해서는 유전자를 디자인하여 천연에는
없는 물질을 만드는 시도, 이른바 '단백질 공학'의 요람기가 시작되었
다는 것을 덧붙여 말해 두어야 하겠다.

3. DNA 연구가 가져 올 영향

DNA 연구의 진전에 의한 의학·생물학에 가져올 영향에 대해서
말했는데, 다음의 세 가지 점은 다시 한번 강조해 둘 필요가 있을 것
으로 생각된다.

(1) 의학연구 가운데에 새로운 방법론이 도입되어 새로운 연구분
    야가 급속히 확대되고 있는 점. 그리고 그것을 응용한 진단과
    치료의 개혁 가능성이 보이기 시작했다.
(2) 기초생물학 분야에서 새로운 다세포생물학이 바로 일어나고
    있는 점. 당면하는 생명연구에 있어서 "유전자의 구조와 작용
    을 먼저 이해하고, 이어서 그것에 바탕한 세포의 구조와 기능
    의 분자생물학의 심화를 꾀하고, 다시 이것에 입각하여 보다
    복잡한 생명현상 이를테면 발생분화, 암, 면역, 노화, 뇌신경의
    문제 등을 이해하자"고 하는 사고방식의 기본 패턴이 정착했
    다.
(3) 유전자 연구의 원용에 의하여 분화 성장인자의 연구나 '바늘없
    는 투약'의 가능성으로서 대표되는 제약, 치료 분야에서의 혁신
    의 조짐이 보이기 시작한 점. 또 이것에 단백질 공학이 새로운
    동향을 첨가하려 하고 있다.

이들의 낙관적인 개관·예상과는 정반대로, 현실의 DNA 연구는
아직도 너무나 많은 지적·기술적 제약을 받고 있다.

이를테면 어떤 DNA 단편을 손에 넣어서 그 전체 염기배열을 조
사했다고 하더라도 현재는 그 기능을 추측할 수 있는 합리적 과정이
전혀 없다. 또 DNA를 짜올린 염색체의 구조에 관한 무지, 또는 한
개의 유전자 단편을 그대로(또는 개조하여) 세포 내의 서로 같은

DNA 부분을 치환하는 방법이 없다는 것 등은 큰 제약의 하나이고, 이런 문제를 열거하자면 끝이 없다.

이와 같은 제약을 가져오는 문제 중 단 하나만이라도 해결하고 또는 제약을 조금이라도 완화시킬 수 있으면, 그것이 분자생물학의 테마로서의 사람의 문제에 대한 접근을 지향하는 사람에게 있어서, 또는 의학의 문제에 유전자공학을(기술로서) 사용하는 사람에게 있어서 얼마만큼 큰 효과를 가져다 줄는지 헤아릴 수 없는 것이 있다. 이러한 제약이나 한계의 인식은 다시 새로운 진전에 대한 기대감과 이어지고 있는 셈이다.

4. 유전자 치료에 대해서

마지막으로 '유전자공학과 의학'이라고 하는 테마로부터 유전자 치료의 문제를 피해 갈 수 없기 때문에, 사회적 문제는 따로 하고 그것을 기술면에서 분명히 해둘 필요가 있다고 생각한다.

유전자 치료는 다른 처치법이 없는 난치병 등에 대해서 환자 당대만의 치료를 생각하는 방법으로서 받아들여지고 있는 방향으로 합의가 형성되어 가고 있다. 그러나 현재의 DNA 연구나 세포공학의 기술로서는, 그 실행에 이르기까지에 해결하지 않으면 안될 어려운 문제가 몇 가지 가로놓여 있다. 특히 중요한 문제점은

(1) DNA를 세포에 주는 효율적인 방법이 없다는 점

(2) 도입된 DNA를 디자인대로 염색체 속에 삽입하거나, 그 일부가 치환하는 일이 전혀 불가능한 점

의 두 가지 점일 것이다.

DNA를 공여할 대상으로서 가장 가능성이 높은 표적세포는 혈액의 간세포(幹細胞)*와 간장의 세포일 것이다. 프리드만과 같이 이것

에다 뇌신경세포를 첨가하는 생각도 있다.

혈액 간세포는 수가 적기 때문에 도입 빈도가 10만분의 1이라고 하는 수준에서는 사실상 유전자 조작으로서는 성립하지 않는다.

최근에 레트로바이러스*를 사용함으로써, DNA의 도입 빈도를 혈액 간세포에 대해서 10~20% 까지 높이는 것이 가능하게 되었다. 따라서 도입된 DNA를 디자인대로 염색체에 짜넣게 하는 문제의 해결이 급한 일로 되어 있다.

그러나 현재는 그 방법론조차 정해져 있지 않다. 이것에 길을 트는 것은 염색체의 연구이다. 즉 유전자 치료에는 염색체공학의 발달이 전제가 되는 것이라고 생각해야 할 것이다.

8. 화학으로부터 본 새로운 DNA 연구

이 8장에서는 인공유전자를 합성하여, 지금까지 합성할 수 없었던 사람이 인슐린이나 성장호르몬 등의 펩티드호르몬을 대장균으로부터 대량으로 생산하는 데에 성공한 예를 소개한다.

또 한편, 지금까지 구조 해명이 불가능했던 신경전달물질이나 아세틸콜린 수용체 등의 단백질의 전체 1차구조의 해명, 나아가서는 그 단백질기능의 메커니즘 해명에 대해 설명하기로 한다.

Tadaaki HIROSE(廣瀨忠明)

일본 게이오(慶應)의숙대학 의학부 전임강사, 약학박사. [경력] 1958년 호시(星) 약과대학 졸업, 1961년 게이오의숙대학 의학부 약화학연구소 조수, 1976년 동연구소 전임강사 역임. [전공] 핵산유기화학, 분자생물학. [주요 저서] 『유전자의 인공합성과 그 이용』, 『데옥시올리고뉴클레오티드 화학합성에의 이용』

이 장에서는 합성 DNA를 사용하여 어떤 일을 할 수 있는지 그 이용기술을 중심으로 설명하고, 마지막에 최근에 개발된 라디오아이소토프(방사성 동위원소)를 사용하지 않고, 핵산*을 체크하는 방법에 대해서 그 개략을 설명하기로 한다.

현재 DNA 합성기술은 많은 연구자에 의해서 각종 보호기(뉴클레오티드*를 축합시켜서 디뉴클레오티드로 할 때 부반응을 피하기 위해서 사용된다)와 축합제(縮合劑), 정제법의 개량, 개발이 이루어지고 현재는 DNA를 화학적으로 결합할 수 있는 고상합성법(固相合成法)이 확립되어 백 수십 사슬의 길이에 이르는 올리고뉴클레오티드의 합성도 가능하게 되었다. 최근에는 이 고상합성법에 의한 DNA 자동합성장치가 외국에서 완성되어, DNA의 인공합성에 사용되기 시작하고 있다.

1. 펩티드호르몬의 유전자 합성

합성유전자 DNA를 사용하여 재조합 DNA 수법에 의해서 펩티드 호르몬을 대장균 속에서 합성시키는 데 성공한 것은 이타쿠라(板倉啓壹) 박사와 필자들에 의한 소마토스타틴[아미노산 14개로서 구성된다. 그림 8-1(a)]에 관한 작업(1977년)이 최초이다. 이어서 이듬해인 '78년에 사람 인슐린[아미노산 51개, 181 염기쌍. 그림 8-1(b)]의 전체 유전자를 합성, 다시 사람 성장호르몬의 일부 유전자(아미노산 24개, 88 염기쌍)를 합성시켜 각각 대장균 내에서 발현시키는 데 성공했다.

사람 성장호르몬은 하수체(下垂體)에서 시그널 펩티드*를 갖는 프레 성장호르몬으로서 생산된다. 현재 시그널 펩티드를 특이적으로 절단하는 방법이 없기 때문에 천연의 유전자를 사용하여 대장균 내

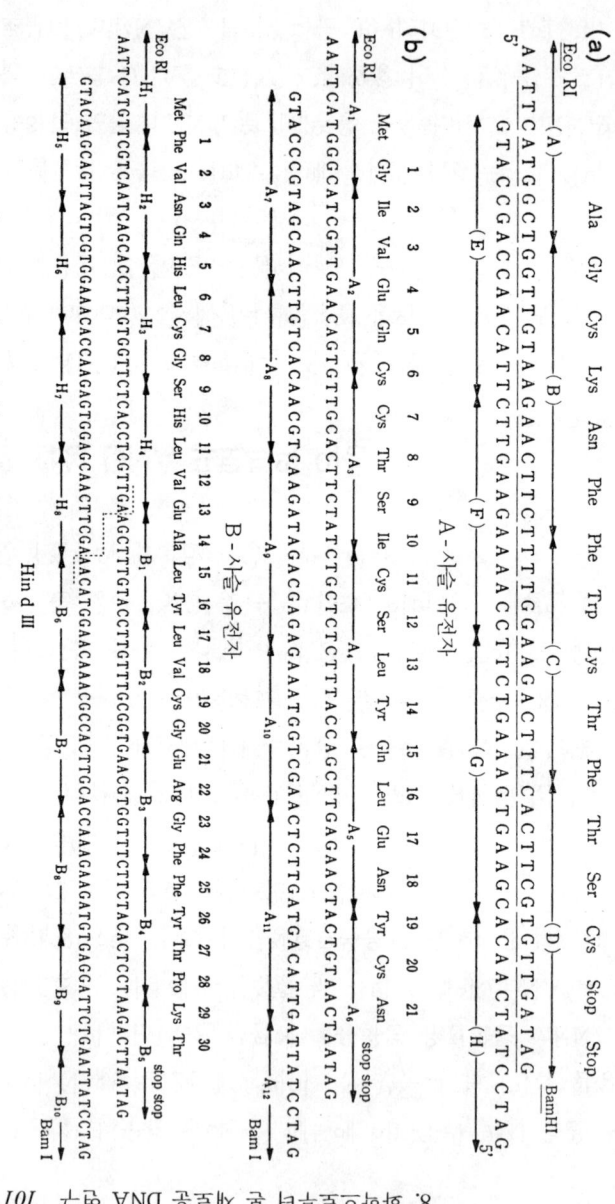

그림 8-1. 소마토스타틴(a) 및 사람 인슐린(b)의 아미노산 배열과 그 인공유전자

에서 생산할 수는 없다. 이 때문에 이타쿠라 박사 등은 사람 성장호르몬의 N 말단의 24 개의 아미노산 부분의 유전자를 합성하고, 나머지 167 개의 아미노산 부분에 대응하는 유전자는 mRNA*로부터 역전사효소*를 사용해서 합성한 두 가닥 사슬의 cDNA*를 이용했다.

사람 인슐린 및 사람 성장호르몬은 현재 이 방법에 의해서 대장균으로부터 대량으로 생산되고, 일본에서도 당뇨병이나 소인증(小人症) 환자에게 사용되고 있다.

이상과 같은 작업에 잇달아 최근 수년 일본의 연구그룹을 포함하여 많은 연구자들에 의해서 많은 종류의 펩티드호르몬이나 생리활성물질*의 유전자가 합성되고 있다. α-네오엔돌핀, γ-인터페론, 사람 성장호르몬 전체 유전자, α 및 β-인터페론 등이 그 예이다.

현재는 생리활성을 갖는 펩티드의 아미노산 배열만 밝혀진다면 그 인공유전자의 합성은 거의가 가능하다.

2. 합성 DNA 프로브의 이용

합성 DNA의 이용방법의 커다란 흐름의 하나로서, 합성 DNA를 프로브(probe)*하여 생리활성물질 등의 유전자를 단독 분리하고, 그 염기배열을 결정하는 작업이 최근 수년 사이에 활발하게 추진되고 있다.

단백질의 일부인 아미노산 배열이 밝혀진다면 이 아미노산 배열에 대응하는 모든 mRNA 염기배열을 추정하고, 그 mRNA에 상보적인 모든 프로브 DNA를 화학적으로 합성하여, 이것을 프로브로 하여 생체로부터 mRNA를 분리한다는 방법이다. 필요에 따라서 분리된 mRNA를 주형(鑄型)으로 하여 cDNA를 얻을 수도 있다. 이런 종류의 작업 몇 가지를 다음에 소개한다.

8. 화학으로부터 본 새로운 DNA 연구   *103*

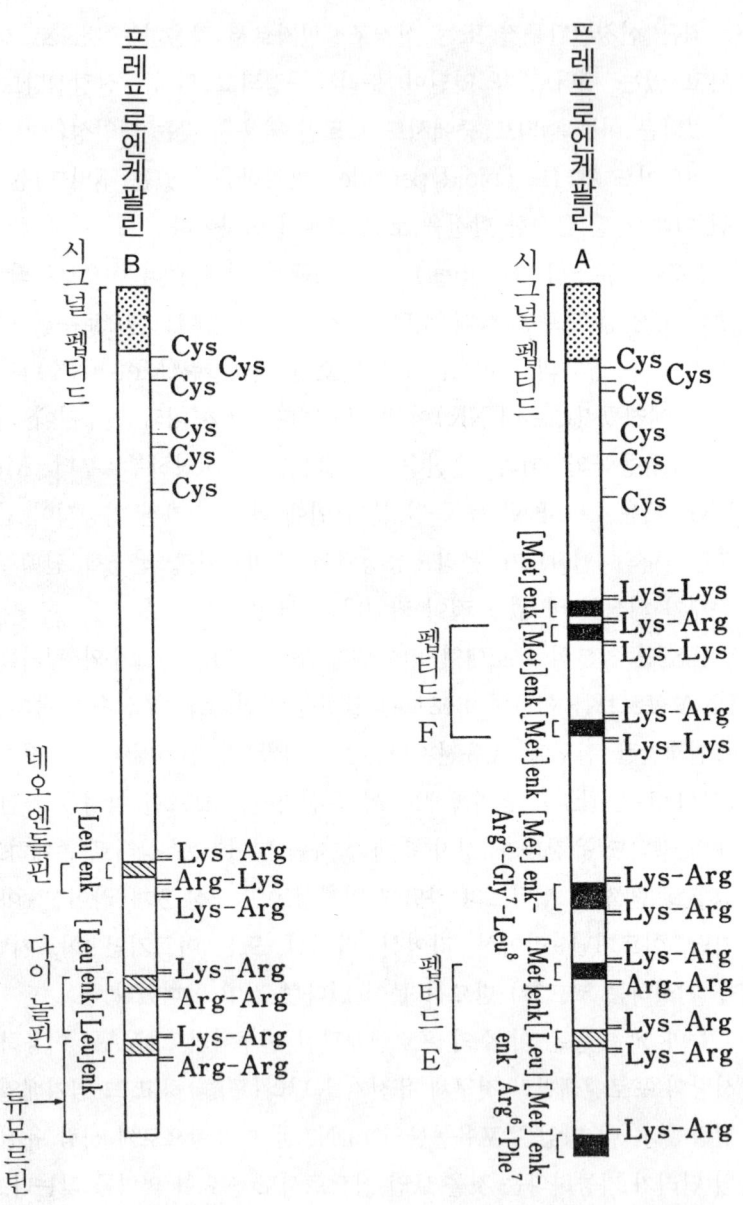

그림 8 - 2. 오피오이드 전구체의 프레프로엔케팔린 A 및 B의 기본구조

최근 신경전달물질 또는 신경조절인자로서 작용하는 것으로 생각되고 있는 펩티드*가 잇달아 분리·동정되고 있다. '신경펩티드'로 총칭되는 이들 펩티드 중에서도 모르핀 작용을 갖는 내인성(內因性) 오피오이드 펩티드(opioid peptide ; 마약작용이 있는 펩티드)는 발견 이래 가장 급속한 발전을 보인 물질의 하나이다.

1973년 휴즈(J. Hughes) 등에 의해서 돼지의 뇌 속으로부터 최초의 내인성 모르핀 상태 펩티드로서 5개의 아미노산으로부터 이루어지는 두 종류의 펩티드, 즉 메티오닌 엔케팔린(Met-ENK)과 로이신 엔케팔린(Leu-ENK)이 발견되었다. 그후 내외 연구자에 의해서 포유동물의 뇌와 부신수질(副腎髓質), 시상하부로부터 Met-ENK 또는 Leu-ENK를 동일 분자 안에 복수로 가질 가능성이 있는 고분자량의 펩티드가 분리·동정되어 오피오이드 전구체 단백질의 존재가 의심할 바 없는 것이 되었다(그림 8-2).

1982년 일본의 교토대학 의학부의 누마(沼正作) 교수와 필자들은 DNA 프로브를 이용하여 모르핀 활성을 가진 소의 부신수질 속의 프로엔케팔린 전구체 A유전자(1222 염기쌍)의 염기배열을 결정했다(그림 8-2 참조). 흥미롭게도 이 유전자에는 모르핀 활성을 가진 7개의 펩티드 유전자가 '상자 속에 상자를 넣어놓은' 상태로 존재하고, 그 모르핀 활성 펩티드의 양단에 염기성 아미노산 2개(라이신-아르기닌, 아르기닌-라이신, 라이신-라이신, 또는 아르기닌-아르기닌)를 지정하는 코드*가 반드시 붙어 있다는 것이 밝혀졌다.

누마 교수 등은 이 소의 프로엔케팔린 전구체의 cDNA를 이용하여 사람의 프로엔케팔린 전구체 유전자를 단리(單離)하고 그 염기배열을 결정했다. 이 작업은 포유동물의 cDNA를 이용함으로써 사람 유전자의 단리가 가능하다는 것을 보인 점으로서도 중요한 의미를 갖는다.

누마 교수와 필자들은 다시 돼지의 β-네오엔돌핀/다이놀핀(다이

놀핀은 모르핀 활성이 가장 높다)의 전구체 유전자에, 하이브리드 형성* 가능성이 있는 8종의 합성 DNA 프로브를 이용해 그 유전자를 분리하여 염기배열을 결정했다. 그 결과로부터 이 유전자(프레프로엔케팔린 B) 속에는 β-네오엔돌핀, 다이놀핀 외에 모르핀 활성을 가지며 29개의 아미노산으로 구성되는 새로운 마취 펩티드의 존재가 예측되었다.

이 예측대로 극히 최근에 새로운 펩티드가 추출되었는데, 이것은 유전자를 먼저 알고 펩티드가 나중에 분리된 좋은 예로서, 최근에는 이런 일이 자주 있다.

이상과 같이 오티오이드 펩티드는 모두가 그 분자 안에 몇 번의 반복구조를 갖고 있고, 복수의 활성 펩티드를 포함하는 다(多)호르몬 전구물질*을 합성하고 있다.

이와 같이 복수의 활성 펩티드가 한 개의 유전자에 의해서 코드되고 있다는 사실은 이들의 신경 펩티드가 서로 협조하여 기능하고 있다는 것을 시사하고 있다. 프레프로엔케팔린 A는 카테콜아민*과 더불어 부신수질세포의 크로마핀(chromaffin) 과립 속에 존재하기 때문에, 이 전구물질에 유래하는 여러 가지 오피오이드 펩티드는 급성 스트레스 등에 관여하고 있는 것으로 추측된다.

한편 프레프로엔케팔린 B로부터 생성되는 세 종류의 오피오이드 펩티드는 아마도 신경조절물질로서 뇌의 기능에 관여하고 있을 것이다.

이밖에도 다호르몬 전구물질의 존재가 밝혀지고 있는데, 이와 같은 다호르몬 전구물질의 생리적 존재 의의는 그로부터 유래하는 각종 활성 펩티드가 중추신경계에서는 신경조절물질로서 또 말초신경조직에서는 호르몬으로서 서로 협조하여 기능하고, 개체 전체를 어떤 하나의 목적으로 적응시키고 있는 것이 아닐까 하고 생각된다.

또 하나의 예로서, 교토대학 의학부의 나카니시(中西重忠) 교수 등에 의해서 앤지오텐신(angiotensin, 혈압을 높이는 작용이 있다)과 브라디키닌(bradykinin, 혈압을 내리는 작용이 있다)의 두 종류 펩티드의 전구물질 유전자가 분리되어 염기배열이 결정된 것을 들 수 있다.

3. 아세틸콜린 수용체 유전자의 구조결정

최근에는 같은 방법에 의해서 신경전달물질의 수용체(리셉터)의 유전자 구조도 차츰 밝혀지고 있다. 누마 교수 등에 의한 아세틸콜린 수용체 유전자의 구조결점이 그 좋은 예이다.

니코틴성 아세틸콜린 수용체(nAchR)는 척추동물골핵근(脊椎動物骨核筋)의 신경·근접합부와 전기가오리 전기기관의 시냅스 후막에 존재하는 단백질 복합체이다.

신경 종말로부터 방출되는 신경전달물질인 아세틸콜린이 결합하면 아세틸콜린 수용체(AchR)의 이온 채널이 열려지고, 그 결과 나트륨 이온 및 칼륨 이온에 대한 막의 투과성이 증대하여 막전위의 탈분극을 일으킨다는 생리기능을 담당한다.

이 수용체는 신경전달물질 수용체로서 전기가오리의 전기기관으로부터 최초로 정제·동정된 물질로서 α(분자량 4만), β(분자량 5만), γ(분자량 6만), δ(분자량 6만 5천)의 네 가지 서브유닛으로 구성되는 당단백질이다.

누마 교수와 필자 등은 전기가오리의 α 서브유닛(아미노산 437개)의 아미노산 54개를 실마리로, 그 중 두 군데(각 5개의 아미노산 부분)를 선택하고, 그것에 상보적인 각 16종의 혼합 DNA 프로브를 합성, 이것을 이용하여 아세틸콜린 수용체 α 서브유닛의 cDNA를 분

리하여 그 전체 염기배열(2045 염기쌍)을 결정했다.

이것에 잇달아 누마 교수와 필자 등은 전기가오리의 아세틸콜린 수용체 β(아미노산 469개), γ(아미노산 489개) 및 δ(아미노산 501개) 서브유닛의 유전자의 전체 염기배열을 결정했다. 그 결과 네 가지 서브유닛 사이에는 구조적인 유사성을 볼 수 있었다.

또 이들의 각 서브유닛의 유전자를 아프리카발톱개구리의 난모세포(卵母細胞)에 주입함으로써 그 막 위에 기능을 갖는 AchR을 발현시키는 데에 성공했다. 네 종류의 서브유닛 유전자를 임의로 조합하여 주입함으로써 완전한 의미로서 기능을 갖는 AchR의 발현에는 네 종류의 모든 서브유닛이 필요하다는 것이 밝혀졌다.

또 α-서브유닛 유전자 중의 DNA를 한군데 다른 DNA로 특이적으로 변환함으로써 그 부분의 아미노산을 변이시킬 수가 있다('단백질공학'이라고 불리고 있다).

합성 DNA 올리고마(올리고마는 소수의 서브유닛으로 구성되는 단백질)을 사용하여 이 실험을 여러 가지 아미노산 부분에서 실시하고, 또 유전자의 특정부분을 제한효소*로 절취하여 결실(缺失)케 하는 방법을 사용하여 α-서브유닛의 활성부위가 거의 밝혀지게 되었다.

이 아세틸콜린의 수용체 연구는 중증 근무력증(重症筋無力症)의 치료법에도 중요한 실마리를 제공하는 것으로 생각된다. 이 병의 환자의 혈액 속에는 아세틸콜린 수용체에 대한 자기항체*가 특이적, 또 높은 빈도로서 검출되고 있으며, 이 항체가 수용체에 결합하기 때문에 근육의 수축이 일어나지 않게 되는 것이라고 생각되고 있다. 이 점으로부터도 아세틸콜린 수용체의 구조연구는, 중증근무력증의 발증 메커니즘의 해명, 진단, 치료에 대한 중요한 실마리를 제공해 주는 것으로 생각된다.

4. 미지 생리활성물질의 탐색

다음으로는 서브스턴스 P라고 하는 아미노산 11개로부터 이루어지는 신경전달물질이 알려져 있는데, 최근에 마찬가지로 합성 DNA 프로브를 사용하는 방법으로 그 전구물질 유전자가 분리되어 구조가 결정되었다.

프로브 DNA에 의해서 낚아 올려진 전구물질 mRNA에는 서브스턴스 P를 코드*하는 부분만을 함유하는 것과, 서브스턴스 P와 그것과 흡사한 아미노산 배열을 코드하는 부분과의 두 활성부위를 함유하는 것, 이렇게 두 종류의 mRNA가 존재한다는 것을 알았다. 새로이 발견된 생리활성물질은 '서브스턴스 K'라고 명명되었는데, 이 물질을 화학적으로 합성하여 약리시험을 한 결과, 서브스턴스 P와 마찬가지로 혈압 강하작용을 갖는 것이 밝혀졌다. 이 작업은 전구물질 유전자의 구조해석에 의해서 미지의 생리활성물질의 존재를 추정할 수 있는 좋은 예일 것이다.

또 두 종류의 mRNA가 존재하는 것은 본래의 유전자 DNA로부터 mRNA가 만들어질 때의 스플라이싱*이 일어나는 방법이 약간 틀리는 것에 기인한다는 것이 최근에 밝혀지고 있다.

사람의 심장의 심방(心房)에 나트륨을 특이적으로 배설하는 물질 (ANP)이 있다는 것이 알려져 있고, 수년 전에 그 아미노산 배열 (α-ANP, 아미노산 28개)이 제시되었다.

앞에서 말한 나카니시 교수 등은 이 아미노산 배열에 대응하는 DNA 프로브를 만들어 ANP의 전구물질 유전자를 분리했는데, 그 결과 ANP 이외에 혈관을 이완시키는 펩티드를 코드하는 부분을 가진 전구물질 유전자가 존재한다는 것이 확인되었다. 이들 펩티드는

본태성(本態性) 고혈압에 관여하는 물질일 것이라고 생각되고 있으며, 앞으로의 연구 진전이 주목된다. 작년에 이 cDNA를 이용하여 대장균으로부터 α-ANP를 발현시키는 데 성공했다.

5. 노인성 치매증 해명에의 실마리

최근 수년 사이에 노인성 치매증(老人性 痴呆症)이 커다란 사회적 문제로 되고 있다. 이 병은 뇌신경세포의 감소 결과, 아세틸콜린의 분비나 그 수용체(특히 무스카린성 아세틸콜린 수용체)가 감소하고 있다는 것이 최근에 밝혀졌다.

아세틸콜린 수용체(AchR)는 앞에서 나온 니코틴성 아세틸콜린 수용체(nAchR ; 주로 근육접합부에 존재하며, 근육 수축에 관여한다)와 무스카린성 아세틸콜린 수용체(mAchR ; 뇌나 척수에 많이 분포, 기억 등 대뇌피질의 활동 전체를 좌우한다)의 두 종류가 있다.

노인성 치매증의 일종인 알츠하이머(Alzheimer)병은 이 중에 mAchR이 크게 관계하고 있는 것으로 생각되고 있다.

1986년 10월, 누마 교수, 호가(芳賀) 및 필자 등은 이 mAchR의 전체 1차구조를 해명할 목적으로 처음에 돼지의 대뇌피질로부터 추출한 mAchR 단백질을 정제하여 그 부분의 아미노산 배열을 밝혔다. 밝혀진 배열을 실마리로 그 부분의 가능한 mRNA 배열을 추정하고, 그것에 상보적인 프로브 DNA를 화학합성했다.

돼지의 대뇌피질로부터 추출한 mRNA로부터 조정한 cDNA의 유전자 라이브러리(세포게놈 속의 모든 DNA를 잘라서 벡터에 접속시킨 재조합 DNA의 집합)로부터 합성 DNA 프로브를 이용하여, 목적하는 mAchR의 cDNA를 단리했다.

그 염기배열을 해석한 결과, mAchR은 460개의 아미노산으로서

그림 8-3. 돼지·무스카린성 아세틸콜린 수용체 cDNA의 염기배열

구성되어 있다는 것이 밝혀졌다(그림 8-3).

mAchR은 당단백질이라는 것이 알려져 있는데, 당사슬은 단백질의 N 말단부위의 두 군데에 또 이 수용체는 막을 일곱 군데에서 관통하고, 다시 mAchR은 시각(視覺)에 관여하는 로돕신이나 아드레나린 수용체와 그 단백질 구성이 매우 닮았다는 사실이 판명되었다.

얻어진 유전자가 mAchR의 것이라는 것은 아프리카발톱개구리의 난모세포에 이 유전자를 주입하여 앞의 막 표면상에 mAchR을 만들게 하여, 그 기능을 전기생리학적 방법으로 검토함으로써 확인했다.

이와 같이 mAchR 유전자 및 단백질의 전체 1차구조가 밝혀졌다는 것은 기억의 메커니즘이나 노인성치매증의 해명에 매우 큰 실마리를 제공하는 것이라고 생각된다.

6. 아이소토프를 사용하지 않는 핵산 검출법

그런데 이상에서 말한 것과 같은 DNA에 관한 작업에는 모두 라디오 아이소토프의 인 32가 사용되고 있었다. 일본에서는 라디오 아이소토프를 사용할 경우, 그 구입에 대해서도 실험장소에 대해서도 큰 제약이 있으며, 아이소토프를 사용하지 않는 방법의 개발이 강력히 요망되고 있다.

최근 미국에서 비오틴(biotin)이라는 물질을 사용하여 DNA나 RNA를 검출하는 방법이 개발되었기 때문에, 이것에 대해서 간단히 설명하겠다.

비오틴은 '비타민 H'라고도 불리는데, 이것을 핵산에 연결할 수 있을 만한 형식으로 구성하여 인 32 대신에 사용한다. 흔히 사용되는 방법은 우리딘(uridine ; RNA의 구성 성분) 또는 데옥시우리딘에 측쇄(側鎖)를 붙여서 비오틴과 연결할 수 있는 방법이다. 이 화

합물은 DNA라면 티민(T) 염기에 특이적으로 부착하기 때문에, 이 부분을 발색(發色)시켜서 현미경으로 관찰할 수가 있다.

비오틴은 감도도 비교적 높아서 인 32와 큰 차이가 없을 정도이며, 항체를 사용함으로써 감도를 높일 수도 있다. 아이소토프는 시일이 경과하는 데 따라서 복사활성이 떨어지는 결점이 있으나 비오틴은 그런 일이 없이 언제까지고 안정하다. 또 아이소토프를 사용하지 않기 때문에 보통의 실험실에서 누구라도 다룰 수 있다는 이점이 있다.

이 방법은 가까운 장래, 대학의 연구실은 물론 병원의 임상검사실에도 도입되어 각종 감염증의 진단에 일상적으로 사용될 것으로 생각된다. 수년 이내에는 DNA 진단 등에도 이용될 것으로 생각된다.

9. 의료분야에서의 바이오테크놀러지의 진전

유전자 재조합을 중심으로 하는 최근의 바이오테크놀러지는 새로운 산업혁명을 가져올 것으로 예측되었으나, 그 산업에의 응용은 우선 보건의료분야에서 시작되었다. 제 9 장에서는 최근 8 년간의 이 분야에서의 개발상황을 소개했다. 전반에서는 기존 의약품산업이 이 기술의 도입에 의해서 어떻게 변화했는가를 말하고, 후반에서는 앞으로 어떠한 발전이 예상되는가에 대해서 사견을 말했다.

Akira OYA(大谷明)

일본 국립 예방위생연구소 virus rickettsia 부장, 의학박사. 〔경력〕 1948년 도쿄대학 의학부 의학과 졸업, 1950년 후생성(厚生省) 예방위생연구소 입소, 1970년 국립 예방위생연구소 virus rickettsia 부장. 〔전공〕 바이러스학. 〔주요 저서〕『유전자 신시대』『의학생의 미생물・면역학』, 『바이오하자드 핸드북』 등

1. 생물활성물질

보건의료분야에서의 바이오테크놀러지의 도입은 의약품(생물활성물질, 백신, 항생물질, 진단약), 진단, 연구지원기술, 환경과학, 식품영양 등에 걸쳐 있다. 여기서는 그 현황을 소개하고 앞으로의 진전을 고찰해 보기로 한다.

생물활성물질은 일부에서 '생체의약'이라고도 불리고 있는데, 요컨대 생세포(生細胞)가 산생되고 생명활동의 조절에 관여하고 있는 물질이다. 그 중에서 단백질*이 관계하는 것이 바이오테크놀러지 응용의 최초의 표적으로 된 셈이다.

첫번째로 착수된 것은 재조합 DNA 기술에 의한 사람 인슐린의 대장균 내 생산이며, 이 기술은 미국의 이라이 리리사에 의하여 공업화되어 이미 제품이 미국, 영국 기타 8개국에서 실용에 제공되어 있다. 일본에서도 멀지 않아 실용화할 전망이다.

그 다음에 표적으로 된 것은 사람 성장호르몬이었다. 성장호르몬은 뇌하수체 전엽으로부터 분비되는 호르몬*으로, 뇌를 제외한 조직이나 기관 또는 뼈의 성장을 촉진하는 작용이 있다. 이 호르몬의 분비가 없거나 매우 적으면 키가 크지 않는 하수체성 소인증(下垂體性小人症)이 된다.

종래에는 소인증의 치료에 시체의 뇌하수체로부터 추출한 성장호르몬이 사용되고 있었으나, 한 사람의 환자를 1년간 치료하는 데는 50인의 시체가 필요해서 수요와 공급이 극히 불균형한 상태에 있었다.

1979년에 미국의 제네틱사가 대장균에 사람 성장호르몬의 유전자를 도입하여 효율적으로 성장호르몬을 생산하는 데에 성공하여, 뛰어

난 정제기술로써 순도 99%라고 하는 제품을 세상에 내놓았다.

이미 미국에서는 이 성장호르몬을 사용하여 임상시험이 진행되고 있으며, 일본에서도 스웨덴의 카비사 제품인 성장호르몬을 도입하여 임상시험이 실시되고 있다.

최근에는 사람 성장호르몬의 유전자 DNA가 오사카대학의 이케하라(池原森男) 교수 등에 의해서 전체가 합성되어 이것에 의해서 생산에 한층 밝은 전망이 서게 되었다.

인슐린이나 성장호르몬은 매우 잘 알려져 있는 응용 예이나, 이밖에 호르몬으로서는 칼시토닌(calcitonin)이 있다. 이것은 갑상선으로부터 분비되는 호르몬으로서 칼슘대사를 조절하고 있다.

현재 일본인의 평균수명이 길어져서 노인층이 급속히 증가하고 있다. 노인들의 중대한 위협으로 되어 있는 병에 '골조송증(骨粗鬆症)'이라는 것이 있다. 이것은 뼈의 칼슘이 줄어서 뼈가 얄팍해지고, 몹시 부러지기 쉬운 상태가 된다. 현재 일본에서 약 400만명이 이 병에 걸려 있다. 대퇴골 등은 부러지는 것은 또 그렇다고 치더라도, 심할 경우는 척추골이 뇌의 무게를 견뎌내지 못하고 짜부러지듯이 부러져 버리는 수가 있다.

이 골조송증에 칼시토닌이 치료약으로서 유효하다고 하여 주목을 끌고 있다. 현재는 뱀장어의 칼시토닌이 사용되고 있는데, 부작용을 생각하면 사람의 칼시토닌을 사용하는 것이 바람직하므로 현재 몇개 회사가 사람 칼시토닌의 화학합성, 재조합 DNA 기술에 의한 생산을 시도하고 있다. 아직 이들 제품이 시장에 나타나 있지는 않지만, 가까운 장래 유망한 분야가 될 것으로 생각된다.

TRH라고 하는 아미노산 3개의 펩티드*가 최근에 주목을 끌고 있다. 이것은 갑상선 자극호르몬의 방출호르몬으로서의 작용을 갖는 동시에, 노인성 치매로 대표되는 정신병의 치료약으로서도 유효하다

는 것이 알려져 있다. 지금 주목되고 있는 것은 이 중의 후자의 작용으로서, 갑상선 자극작용을 없애고 향정신작용만이 있는 TRH가 일본의 어느 제약회사에서 개발되었다고 한다.

혈압조절 펩티드나 뇌 속 펩티드를 의약품으로서 응용하려는 개발연구가 현재, 교토대학 등에서 매우 논리적으로 진행되고 있다. 실용화는 아직 앞으로의 문제이지만 매우 주목되는 분야이다.

2. 혈전용해제, 항암제

사람의 수명이 길어진 탓도 있지만 최근에 뇌혈전(腦血栓), 이른바 뇌연화증(腦軟化症)이 증가하고 있는데, 그 뇌혈전의 치료약으로서 우로키나아제(urokinase)라고 하는 생물활성물질이 주목을 받고 있다.

뇌혈전은 뇌의 혈관에 피브린(fibrin ; 섬유소)이 석출하여 혈관을 막아 버리는데, 우로키나아제는 혈중의 플라스미노겐(plasminogen)에 작용하여, 이것을 피브린 용해능이 있는 플라스민(plasmin)으로 바꾼다. 이 플라스민의 작용에 의해서 혈전이 녹고 혈관이 통하게 되는 것이다.

우로키나아제는 신장으로부터 뇨 속으로 나오는 효소인데, 사람의 오줌으로부터 이것을 추출하던 종전의 제법에 비해 사람의 신장세포의 탱크배양에 의해서 우로키나아제를 생산하려는 시도, 나아가서는 재조합 DNA 기술에 의해서 미생물에게 우로키나아제를 생산하게 하려는 움직임이 나와 있다.

TPA(조직 플라스미노겐 악티베터)는 우로키나아제 이상의 혈전 치료약으로서 주목되어 현재 개발 중에 있는 약이다. 우로키나아제에는 너무 대량으로 사용하면 부작용으로서 출혈을 일으키는 결점이

9. 의료분야에서의 바이오테크놀러지의 진전 *117*

있다.

이것에 대해 TPA는 피브린에 부착하여 피브린 속에 함유되어 있는 플라스미노겐에 작용하여 플라스민으로 바꾸고, 내부로부터 혈전을 녹이는 특이적인 작용기서(作用機序)를 지니고 있다. 따라서 이 TPA가 우로키나아제를 대신할 상품이 될 것이라고 기대하여 개발을 추진하고 있는 메이커가 많다.

TPA는 본래 혈관의 내피세포로부터 분비되는 단백질인데, 생체재료로부터 추출하기가 매우 어렵기 때문에 재조합 DNA 기술에 의한 생산이 이루어지고 있다. 이미 선발 기업 그룹에 의한 제품이 미국에서 임상시험에 사용되고 있다.

우리가 익히 알고 있는 인터페론*은 세포배양에 의한 제품이 임상시험을 끝마치고, 국립 예방위생연구소에서 검정을 받아 시장에 등장하고 있다. 이것에 잇달아서 재조합 DNA 기술에 의한 인터페론이 등장할 차례를 대기하고 있다.

인터페론은 α, β, γ의 세 형식이 있으며, 항암제로서는 γ-인터페론이 가장 기대되고 있었는데, 처음에 떠들석했던 만큼 효과가 없다 하여 최근에는 약간 열기가 식어가고 있는 실정이다.

인터페론과 대조적으로 지금 뜨거운 시선을 받고 있는 것이 인터류킨 2와 TNF이다.

인터류킨 2는 T 림프구*가 산생(産生)하는 당단백질로서, 암세포를 죽이는 킬러 T세포 또는 헬퍼 T세포의 증식에 관여하고 있다. 또 T세포를 자극함으로써 γ-인터페론의 산생을 촉진하고 그것이 또 킬러 T세포를 활성화시키는 작용이 있다. 재조합 DNA 기술에 의한 인터류킨 2의 생산은 미·일 양국에서 추진되고 있다.

TNF 즉 종양괴사인자(腫瘍壞死因子)는 마크로파지*가 산생하는 단백질로서 폐장암, 멜라노마, 그밖의 여러 가지 암세포를 시험관 내

에서 괴사케 하는 작용이 있는 것에서부터 주목되고 있다. 이미 토끼의 TNF를 사용한 임상시험이 일본에서 시작되어 있고, 세포배양 또는 재조합 DNA 기술에 의한 생산도 이루어지고 있다.

최근에 TNF는 암환자 말기의 혈액 속에 나타나는 독물인 카헤크틴과 같은 것이라고 증명이 되어서 연구자에게 커다란 충격을 주었다. 그러나 독물과 약효와는 표리일체라는 것은 지금까지도 달리 예가 있는 일이며, 이것으로써 연구가 절망적이라고는 생각되지 않는다.

이들과는 별도로 모노클로날 항체*에 의한 암의 치료도 크게 기대되고 있다. 문제는 사람의 모노클로날 항체가 좀처럼 개발되지 않았다는 점인데, 최근에는 겨우 이럭저럭 전망이 서게 된 것 같다. 이밖에 치료용 모노클로날 항체로서는 B형 간염바이러스를 산생하고 있는 세포를 공격하는 항 HBs 항체, 파상풍 항독소 등이 있다.

다음에는 백신인데, 재조합 DNA 기술에 의해서 현재 연구개발 중인 것으로는 B형 간염, 인플루엔자, 단순 헤르페스, 폴리오, 말라리아, 광견병, A형 간염, 로타바이러스, 구제역(口蹄疫) 등이 있다.

재조합 DNA 기술에 의한 백신 생산의 이점으로서는 바이러스가 증식하는 계열이 없어도 되고, 위험한 바이러스 입자를 다루지 않아도 되고, 바이러스의 유전자만 있으면 된다……는 것 등을 들 수 있다.

미국에서는 이미 B형 간염의 백신을 효모를 숙주로 하여 생산하는 데에 성공하여, 임상시험을 마치고 시탄이 인가되어 있다. 일본에서도 독자적인 개발이 추진되어 이미 임상시험을 마치고 가까운 날에 인가를 신청할 예정으로 있다.

3. 진단약

진단약으로서 커다란 역할을 떠맡고 있는 것이 모노클로날 항체이다. 모노클로날 항체에 의한 진단은 항면역 글로브린 E항체를 사용한 알레르기병의 진단에서부터 시작하여 항 B형 간염바이러스, 항비(抗非)A비(非)B 간염바이러스 그밖의 수많은 진단약이 등장하고 있다.

최근에는 췌장암, 난소암 등 종전의 진단법으로는 조기 발견이 곤란했던 암을 정확하게 진단할 수 있는 모노클로날 항체가 개발되어, 암의 진단약으로서 확고한 지위를 확립해 가고 있다.

또 DNA 프로브*(탐색자)를 진단약으로서 사용하는 경우도 있다. 이를테면 성인 T세포 백혈병(ATL)의 진단이 그것이다.

ATL 바이러스의 유전자 RNA의 염기배열은 이미 밝혀져 있기 때문에, 이것과 상보*적인 DNA를 만들어 환자라고 생각되는 사람의 백혈구로부터 추출한 DNA(바이러스 RNA에 상보적인 DNA)와 하이브리드 형성*을 시킴으로써 진단을 하자는 것이다.

이 진단방법은 매우 감도가 좋기 때문에 앞으로 활발하게 사용될 것으로 생각된다. 이를테면 미량의 B형 간염 DNA의 검출에 DNA 프로브를 사용하는 방법이 흔히 사용되고 있다.

또 선천이상을 DNA의 수준에서 진단하는 DNA 진단이 진보해 있고, 또 암유전자의 연구가 급속히 진보하고 있는데, 이들은 모두 바이오테크놀러지가 발전한 덕택이다.

이와 같은 유전자의 연구를 용이하게 만들기 위해서 '유전자 뱅크'라고 하는 연구지원 조직이 국립 예방위생연구소에 설치되어 있다. 여기에는 현재 수백의 암을 주로 한 유전자가 보존되어 있고, 연구자

에게 무료로 분여되고 있다.

또 ATCC(미국 세포·균주 보존기관)의 일본판이라고도 할 '세포은행'이 국립 위생시험소에 있고, ATCC로부터 위양된 세포 및 국내 연구기관으로부터 기탁된 세포가 보존되어 있어, 이것도 연구자에게 무료로 배포되고 있다.

4. 제1세대에서 제2세대로

보건·의료분야에서의 바이오테크놀러지 응용의 앞으로의 동향을 생각해 보기로 하자.

바이오테크놀러지에 의한 의약품의 생산은 제1세대로부터 제2세대로 옮겨가고 있는 듯이 생각된다.

제1세대는 천연단백질의 균체내 발현으로서 대량으로 효율적인 생산에 중점이 두어져 있었는데, 실제로 성공한 제품은 의외로 적다. 그래서 이것에 대한 반성을 딛고 서서 제2세대에서는 '양보다 질'에 치중하는 발상의 전환이 이루어지고 있다.

우선 생각할 수 있는 것은 분비생산이다. 여태까지 대장균에 의해서 만들어진 의료품은 균체 내에 축적된 것을 균체를 으깨어서 추출, 정제하고 있었다. 이를테면 고초균(枯草菌)은 생산물을 균체 밖으로 분비하는데, 고초균을 사용한 의약품의 생산은 그다지 이루어지고 있지 않다.

그래서 최근에는 동물세포를 숙주로 하는 의약품 생산의 시도가 새로운 경향으로 나타나고 있다. 동물세포는 확실히 세균과 비교하여 증식은 느리지만 산생 단백질을 쉽게 배양액 속에 분비하기 때문에 정제가 용이하다는 것이 그 이유의 하나이다.

사람의 호르몬 등을 대장균이나 효모에서 만들게 하는 것은 부자

연스러우며, 본래 당단백질이어야 하는 것이라도 당이 붙어 있지 않는 경우가 많다는 것이 이유의 두번째이다.

균체 내에 축적된 생산물을 균체를 으깨어서 추출하여 정제한 제품은 자연의 형태로부터 상당히 변성되어 있어서, 아미노산의 1차구조는 어쨌든 간에 3차구조는 꽤나 이상하게 되어 있기 때문에 단백질로서의 기능에 결함이 있는 일도 생각할 수 있다. 이것이 제3의 이유이다.

5. 분자설계로 신형 백신

이러한 관점으로부터 제네틱사에서는 CHO라고 하는 헴스타의 세포에 B형 간염바이러스 표면항원(HBs 항원)을 만들게 했던 바, 사람의 혈액으로부터 취한 HBs 항원보다 단위당 활성이 높다는 것을 발견했다고 한다.

이 회사에서는 다시 단순 헤르페스바이러스의 글리코프로테인 D라고 하는 항원을 포유동물의 세포에서 만들게 하였던 바, 항원단백질을 분비생산하고, 단순 헤르테스의 타입 1에도 타입 2에도 듣는 것이 얻어졌다고 발표하고 있다.

어쨌든 미국에서는 최근 포유동물세포를 숙주로 하는 의약품의 생산 시스템이 급속히 개발되고 있으며, 국제적으로도 종전에는 사용이 인정되지 않았던 계대세포(繼代細胞)의 사용을 용인하는 움직임이 나타나고 있다. 일본에서도 동물세포를 숙주로 하는 의약품의 생산이 앞으로의 커다란 목표가 될 것이다.

제1세대에서는 단일 유전자를 발현시키는 것을 목적으로 삼고 있었으나, 제2세대에서는 복수의 유전자를 조작하는 데에 중점이 옮겨질 것으로 생각된다. 또 지금까지는 부가가치가 높은 의약품의 생산

이 중심이었으나 앞으로는 대량으로 싸게 먹히는 것을 만드는 쪽으로 눈이 돌려지게 될 것으로 생각된다. 수혈용 아미노산의 공업생산이 그것의 좋은 예다.

1986년 초 OECD는 재조합 DNA 기술의 공업화 지침을 발표했다. 이것을 받아서 일본의 통산성(通産省)은 종전의 잘 정비된 시설 설비를 사용하여, 공업생산을 할 수 있는 GILSP(우량 공업제조 규범) 범주를 포함하는 일본의 재조합 DNA 기술 공업화 지침을 공표하고, 이어서 거의 비슷한 내용을 담은 제약지침이 후생성(厚生省)으로부터 공표되어 일본의 재조합 DNA 기술도 실험으로부터 공업화로의 첫걸음을 내디뎠다.

천연의 단백질로부터 한걸음 나아간 단백질을 만드는, 이른바 '분자설계'의 사고방식이 제2세대의 진로의 하나로서 나타나 있다. 그 한 예가 우리가 시도하고 있는 인공바이러스 백신의 개발이다. 이것은 인공적으로 바이러스와 같은 입자를 고분자막 등에서 만들고 그것에 감염방어항원을 이식해 주는 방법으로서, 이렇게 하면 단순히 방어항원만을 사용하는 경우보다 훨씬 잘 듣고, 경우에 따라서는 세포면역까지 유도하는 효과가 기대된다.

6. 유전자 치료

마지막으로 최근에 화제가 되어 있는 유전자 치료에 대해서인데, 나는 사람에게 실시하는 것은 아직도 장래의 일이라고 생각하고 있지만 생각만큼은 지금부터 충분히 검토해 둘 필요가 있다고 생각한다.

인간에게 유전자 치료를 응용하는 전단계로서 동물실험의 형태로 유전자 치료를 시도해 보는 것이 중요하지 않을까? 그것에는 질환

9. 의료분야에서의 바이오테크놀러지의 진전   *123*

모델 동물이 필요한데, 인간의 결함 유전자를 동물의 수정란에 이식하여 개체에서 발현시킬 수 있다면 그것이 모델 동물로 될 수 있을 것이다.

이 모델 동물을 유전자 치료로 고칠 수가 있으면 커다란 돌파구가 열리게 될 것으로 생각한다.

10。 뇌와 시냅스

뇌가 앞으로 자연과학의 커다란 목표인 것임에는 의심할 여지가 없지만, 이것에의 접근의 곤란성도 또한 크다.

모든 가능한 접근의 길이 뇌로 향해서 모색되고 있는 가운데, 신경세포와 그 접합부인 시냅스를 발판으로 삼아, 신경회로망과 그 복합에 의해서 만들어지는 대규모의 신경시스템으로서의 뇌로 향하는 하나의 커다란 과정에 대해서 언급해 보고 싶다.

Masao ITO(伊藤正男)

일본 도쿄대학 의학부 교수(생리학), 의학박사. [경력] 1953년 도쿄대학 의학부 졸업, 구마모토(熊本)대학 조수, 도쿄대학 조수, 조교수를 거쳐 1970년부터 현직에 이름. [전공] 신경생리학. [주요 저서] 『뉴턴의 생리학』, 『뇌의 설계도』, 『뇌의 메커니즘』, 『The Corebellum and Neural Control』 등

뇌는 매우 복잡하다고 말하는데, 그 복잡성에는 두 가지 측면이 있다. 하나는 여러 가지 특이물질을 포함한 복잡한 물질계로서의 측면이고, 관점에 따라서는 거대한 화학공장으로도 보인다.

또 하나는 매우 정교한 정보처리 시스템으로서의 측면으로서, 현재의 컴퓨터의 수만 배의 규모를 지니고 있다.

이 두 가지 면으로부터 뇌의 기능을 해명하려고 현재 여러 갈래에 걸친 연구가 이루어지고 있다. 앞으로의 연구를 정리해 보면 다음과 같이 된다.

1. 뇌 연구의 세 가지 단계

첫번째 단계는 뇌의 물질적인 면에 관한 연구이며, 다음의 다섯 가지 주요과제로 나누어진다.

(1) 활성물질의 분리·동정, 유사물질의 합성

(2) 활성물질이 작용하는 무대이다. 세포막의 채널(통로)에 관한 연구

(3) 시냅스 가소성(可塑性)의 연구

(4) 신경회로망의 연구

(5) 유전·발생·뇌세포의 이식 등에 관한 연구

최근 10년쯤 사이에 이 첫번째 단계의 연구가 여러 가지 연구방법의 개발에 의하여 눈부신 진전을 보였다. 이를테면 막의 채널 연구에서는 채널 1개만을 분리하여 이온의 통과방법을 조사하는 이른바 '퍼치-크램프법'이라고 하는 획기적인 방법이 발명되었다. 또 재조합 DNA 기술이나 면역조직 화학적 방법의 등장과 더불어 뇌 연구를 크게 활기있게 하고 있다.

두번째 단계는 뇌의 정보처리 기능에 관한 연구로서, ① 인식 - 감

각·지각, ② 정동(情動)－본능·행동, ③ 제어－운동·자율제어, ④ 의식－수면, ⑤ 기억－학습의 다섯 가지 뇌기능의 각각에 대해서 정보처리 프로세스의 해명이 시도되고 있다.

이상의 제1 단계와 제2 단계는 동물 모두에 공통된 문제이며, 인간에게만 특유한 것은 아니다. 그러나 뇌를 연구대상으로 하는 바에는, 인간의 정신의 문제에 연결되어 주었으면 하고 바라는 것은 누구나 생각하는 바이다.

그래서 제3 단계로 등장하는 것은 정신·마음의 문제인데, 이들 문제는 ① 지(知)……인간 특유의 언어기능·추상화 능력·사고능력, ② 정(情)……가치판단, ③ 의(意)……행동발현의 세 가지 면으로부터 이것을 생각할 수 있다.

이러한 인간의 지·정·의(知·情·意)의 수준까지 현재의 뇌 연구가 도달해 있다고는 말하기 어렵고, 아직은 거의 심리학의 대상으로 그치고 있다. 그러나 뇌연구자가 품고 있는 것은 제2수준과 제3수준이 연결될 가능성이다.

즉 동물의 인식기능의 연장선 위에는 인간의 '지'가 있다고 생각되고, 또 정동(情動)은 '정'에 이어지고, 제어는 '의'에 연결되는 것이라고 생각할 수 있다. 여기에 인간의 마음 문제에 뇌의 연구로부터 어프로치하는 커다란 가능성이 있다.

2. 시냅스의 가소성

그런데 이와 같이 뇌 연구에는 여러 가지 접근이 있는데, 그 중에서 가장 정공법이라고 생각되는 것은 시냅스를 중심으로 연구해 나가는 방법일 것이다.

신경세포와 신경세포의 접속부를 '시냅스(synapse)'라고 부른다.

이것은 뇌 속의 '열쇠구조(鍵構造)'라고 불리며 최근에 여러 가지 연구가 시냅스에 집중되어 왔다. 미소전극법(微小電極法)이 발명되거나, 전자현미경이 사용되게 되거나 하여 시냅스의 성질이나 미세구조가 1950년대에서부터 60년대의 20년 사이에 상세히 조사되었다.

그 결과 시냅스에는 '흥분성', '시냅스 후억제성(後抑制性)', '시냅스 전억제성(前抑制性)'의 세 종류가 있다는 것이 밝혀졌다. 그리고 흥분성과 시냅스 후억제성은 뇌 속에 거의 같은 수가 있고, 이 양자가 시냅스 전체의 대부분을 차지하고 나머지 작은 부분을 시냅스 전억제성 시냅스가 차지하고 있다는 것을 알게 되었다.

또 1970년대에는 시냅스와 신경세포의 네트워크인 신경회로망을 조사하는 연구가 맹렬한 추세로 진전되었다.

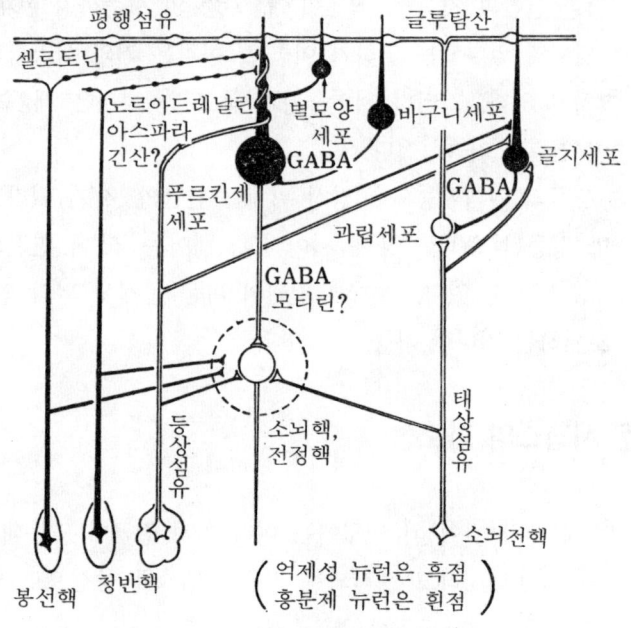

그림 10 - 1. 소뇌의 신경회로도

10. 뇌와 시냅스 *129*

필자가 전문으로 하는 소뇌(小腦)에서는 1960년대 말에 신경회로망의 대체적인 배선도가 완성되었다. 소뇌의 피질에는 다섯 종류의 신경세포가 있고, 그것들이 특이적으로 결합한다. 시냅스에서 작용하는 신경전달물질로서 GABA(감마 아미노낙산), 아스파라긴산, 글루탐산 등이 있다는 것도 밝혀졌다(그림 10-1).

그러나 신경세포의 네트워크 구조나 전달물질에 대해서 이와 같은 지식과 뇌의 기능과의 관계는 간단히 해명할 수 있는 성질의 것이 아니다.

소뇌에 관해서는 다행하게도 얼마 후 좋은 돌파구가 트였다. 1969년에 당시 케임브리지대학의 응용수학교실에 재적하고 있던 마가 「소뇌피질의 이론」이라는 논문을 발표하여, 그 가운데서 단지 와이어를 연결한 것과 같은 하드한 신경회로망에 또 하나의 새로운 성질을 덧붙여야 할 필요가 있다는 것을 강조했다. 이것이 '시냅스의 가소성(可塑性)'이다. 하드한 전자회로에 가소성이라고 하는 성질을 도입하면 시냅스는 '메모리 장치'로서 작용하고, 회로는 컴퓨터와 같은 기능을 갖게 된다는 것을 이론적으로 제시했다.

시냅스의 가소성이라고 하는 생각은 실은 새로운 것이 아니다. 19세기에 탄지라는 학자가 인간의 사물을 기억하는 것은 신경세포의 연결방법이 바뀌어지는 것이다 라고 하는 설을 제창했다. 이것을 발전시킨 것이 심리학자인 헤프로, '헤프의 시냅스'라고 불리는 가상적인 가소성 시냅스에 의해서 기억현상을 설명하려 했다.

그렇다면 시냅스의 가소성이란 어떤 것을 말하는 것일까?

신경세포로 신호가 오면 시냅스로부터 전달물질이 방출되어 다음번의 신경세포에 신호를 전달한다. 이 사이에는 전달물질의 생산, 저장, 방출, 확산, 제거, 전달물질과 수용체 단백질과의 상호작용 등 여러 가지 과정이 있는데, 가소성이라고 하는 것은 요컨대 이들 과정

의 어느 것에서 수식(修飾)이 일어나고, 더구나 그것이 오래 계속되는 일이다. 이것에 의해 신호의 전달방법이 바뀌어지는 것이 가소성의 실체인 것이다.

3. 네 종류의 가소성 시냅스

지금까지의 실험적 연구에 의해서 존재가 알려져 있는 가소성 시냅스에는 다음의 네 종류가 있다.

(1) 소뇌피질의 가소성 시냅스

앞에서 말한 이론적으로 가상된 시냅스 가소성에 대응하는 것이다. 소뇌피질의 푸르키니에(purkinje) 세포*는 연수(延髓)의 '하 오리브'라고 하는 특수한 구조로부터 나오는 등상섬유(登上纖維)와 척수·연수에 많이 있는 소뇌전핵(小腦前核)으로부터 나오는 태상섬유(苔狀纖維) — 과립세포(顆粒細胞) — 평행섬유(平行纖維)라고 하는 두 개의 다른 경로로부터 신호를 받는다.

이 두 경로로부터의 신호전달이 동시에 일어나면 두 경로의 시냅스 사이에 간섭이 일어나고, 그 결과 평행섬유가 푸르키니에 세포 사이의 시냅스 전달에 장기 억압이 일어나는 것이 최근에 우리 연구실에서 밝혀졌다.

이 장기 억압은 평행섬유의 전달물질에 대한 푸르키니에 세포의 화학수용체의 감수성이 장기에 걸쳐서 저하하는 데 기인한다. 그 분자과정은 현재 추구 중이지만 일단은 다음과 같은 것이라고 생각된다.

평행섬유로부터의 신호는 전달물질의 글루탐산에 의해서 푸르키니에 세포로 전달되는데, 그것과 시기를 같이 하여 등상섬유로부터 입

10. 뇌와 시냅스 *131*

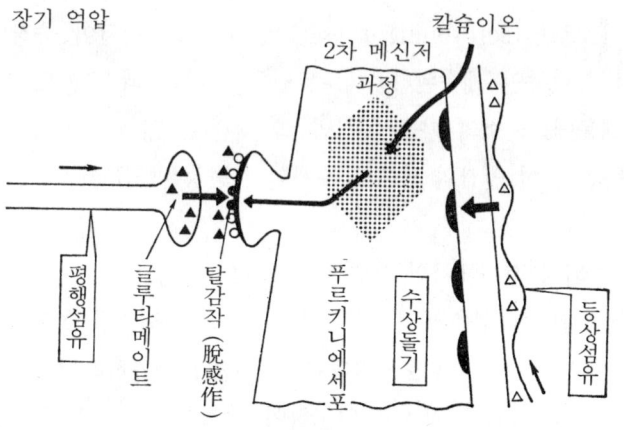

그림 10-2. 소뇌 푸르킨제 세포에서의 장기 억압의 내부과정

력이 있으면 푸르키니에 세포의 수상돌기(樹狀突起)에 칼슘이온의
유입이 일어나고, 여기서 무엇인가 2차 메신저과정*이 작용하여 수
용체의 감수성을 저하시키는 것이리라(그림 10-2).

(2) 해마피질(海馬皮質)의 가소성 시냅스

이 가소성 시냅스에서는 어느 정도 이상으로 큰 입력신호가 계속
하여 시냅스로 오면 신호의 통과방법이 좋아져서 그것이 장기간 계
속된다. 이것을 '장기증강(長期增强)'이라고 한다. 스웨덴의 브리스
와 레모에 의해서 처음으로 발견되었다. 매우 많은 연구가 이루어지
고 있다.

(3) 군소 신경절의 가소성 시냅스

콜럼비아대학의 칸델 등에 의해서 발견된 가소성 시냅스이다. 연
체동물인 군소의 신경절(神經節)에서는 시냅스 결합에 또 하나의 시
냅스가 달린 '시냅스 위의 시냅스'를 형성하고 있는데, 여기서 전달물

질의 세로토닌(serotonin)이 방출되면 시냅스 전달이 증강되고 이 상태가 오랫동안 계속된다. 세로토닌은 인간의 뇌 속에도 상당량이 있기 때문에, 군소의 가소성 시냅스와 같지는 않다고 하더라도 이것과 비슷한 것이 인간의 뇌에도 존재할 가능성은 있다.

(4) 중뇌의 적핵에서의 시냅스 전섬유의 발아

시냅스 전(前)섬유가 싹을 트고서 새로운 시냅스를 형성하는 타입으로서, 이것은 일본의 오사카대학의 고(故) 쓰카하라(塚原仲晃) 교수가 10년쯤 열의를 가지고 연구하여 세계적으로도 유명해졌다. 앞에서 말한 세 가지가 기능적인 시냅스 전달효율의 변화인 것에 비해 이 예는 형태적인 변화를 수반하는 특징이 있고 전달효율 변화의 발현이 비교적 느리어 3, 4 일이 걸린다.

고양이로 말초신경의 굴근신경(屈筋神經)과 신근신경(伸筋神經)을 바꾸어 접속하는 교차봉합수술(交叉縫合手術)을 하면 다리운동이 역전하는데 얼마 지나면 재학습에 의해서 정상적인 운동패턴으로 회복한다. 이 회복과정에서 적핵(赤核) 시냅스의 발아가 일어나고 있는 것이 전기생리학적 실험에 의해서 확인되어 있다.

현재까지 존재가 확립된 가소성 시냅스는 이상의 네 가지 형이며, 지금 그 분자과정의 해명이 추진되고 있다. 이것들은 저마다 다른 기능적인 역할을 하고 있는데, 흥미로운 일은 (1), (2), (4)는 모두 전달물질이 글루탐산이라고 생각되는 것이다.

(3)에 대해서도 글루탐산의 가능성이 남겨져 있다. 이유는 잘 알수 없으나, 글루탐산을 전달물질로 하는 것과 시냅스의 가소성 사이에는 어떠한 인과관계가 있을는지 모른다.

4. 뇌의 신경회로망 모형

시냅스 가소성을 도입함으로써 신경회로망에 기억·학습능력을 지니게 할 수 있다.

소뇌의 경우에는 마가 가소성 시냅스를 전제로 하여 제안한 회로망 모형이 있는데, 이것은 로젠브라트가 전에 고안한 학습기계 '단순 퍼셉트론(perceptron ; 가소성 시냅스에 패턴분류를 학습시키는 신경회로 모델형)'과 같은 원리에 바탕한다.

또 최근 후지다(藤田昌彦)는 소뇌의 신경회로망을 시간적 아날로그신호에 대한 일종의 필터로 보고서, 이것에 가소성 시냅스를 도입하여 '적응 필터모델'을 만들었다. 이 후지다의 모델은 컴퓨터 시뮬레이션에 의해서 그 동작을 재현할 수 있다.

소뇌에 대해서는 이상과 같은 실험에 따른 신경회로망 모델이 만들어지고 있으나, 뇌의 다른 부분에 대해서는 아직껏 모델과 실제 사이에는 커다란 차이가 있다.

그렇다면 소뇌의 신경회로망은 정말로 우리의 기억·학습계로서 작용하는 것일까? 이것에 대해서 우리 연구실에서는 최근 10년쯤 소뇌에 의한 전정동안반사(前庭動眼反射)의 적응 제어 문제를 연구해 왔다.

머리를 움직이면 그 움직임을 내이(內耳)에 있는 전정기관(前庭器官)이 검출하여 신호를 낸다. 이 신호에 따라서 안구가 역방향으로 움직이고, 망막에 비쳐지는 외계의 상(像)의 움직임을 막는 것이 '전정동안반사'이다. 이 반사가 없으면 상이 이중으로 보인다.

이 반사경로에는 소뇌편엽(小腦片葉)을 통과하는 측로(側路)가 따라붙어 있다(그림 10-3).

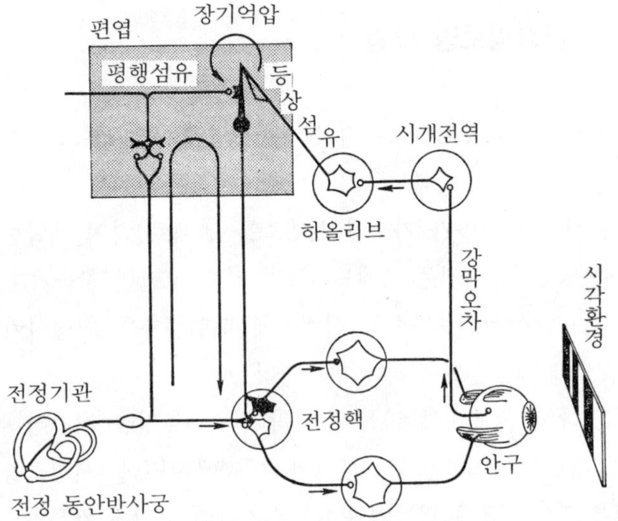

134

그림 10 - 3. 전정 동안반사의 적응에 즈음하여 작용하는 소뇌의 회로

전정으로부터의 신호는 태상섬유−평행섬유의 경로를 통해서 소뇌 편엽의 푸르키니에 세포로 전달되고, 푸르키니에 세포는 억제성 신호를 반사의 중계세포로 전달한다. 그런 한편 망막으로부터의 시각신호가 등상섬유를 통해서 푸르키니에 세포로 전달된다.

반사의 움직임이 적절하지 못하면 망막에 생긴 오차신호(誤差信號)가 등상섬유를 통해서 소뇌편엽으로 보내지고, 이때 전정신호(前庭信號)를 전달하고 있는 평행섬유가 푸르키니에 세포 사이의 시냅스 전달에 장기 억압을 일으킨다. 이 장기 억압은 말하자면 '그릇된 배선을 절단하는' 것과 같은 효과가 있어서, 편엽 내의 경로 속에서 올바른 배선만이 남겨져서 반사의 동특성(動特性)을 수정하는 것이라고 생각된다.

이상과 같이 소뇌에 대해서는 시냅스 가소성과 신경회로망과 소뇌의 최종적인 기능을 시종 일관하여 통일적으로 이해하는 일이 가능

10. 뇌와 시냅스 *135*

해졌다. 우리는 뇌의 다른 부분에 대해서도 마찬가지 이해를 갖고 싶다고 바라고 있다. 이를테면 대뇌피질의 신경회로망의 지식과 앞에서 말한 해마피질(海馬皮質)의 가소성 시냅스의 지식을 합쳐서, 전체가 어떠한 정보처리계로서 작용하고 있는지를 재구성을 시도해 보고 싶지만 현재로서는 손을 댈 방법이 없는 실정이다.

즉 시냅스의 연구, 신경회로망 레벨의 연구와 전체 시스템의 기능 사이에는 아직도 커다란 간극이 있다. 이 간극을 잘 넘을 수 있었던 소뇌에 대해서는 앞에서 말한 것과 같은 통일적인 이해 수준에 도달했지만, 뇌의 다른 부분에 대해서 그 틈새를 어떻게 극복할 것인지가 앞으로의 중요한 과제이다.

11. 모노클로날 항체의 의학 이용의 현상과 장래

모노클로날 항체를 사용함으로써 현대의학과 생물학에서 가장 중요한 몇 가지 문제를 해명할 수 있게 되었다.

특히 이 장에서는 지금까지 명확하지 않았던 암항원의 정체를 밝히고, 그것을 바탕으로 암의 진단, 치료의 기초연구, 나아가서는 모노클로날 항체를 사용한 유전자 클론화에 이르기까지 기초 임상영역으로의 응용을 설명했다.

Masaru TANIGUCHI(谷口克)

일본 지바(千葉)대학 의학부 교수(면역학), 의학박사.
[경력] 1967년 지바대학 의학부 졸업, 지바대학 의학부 조교, 강사를 거쳐 1980년부터 현직에 이름. [전공] 면역학. [주요 저서]『면역과학』,『면역의 연구』

최근까지 20 몇 종의 사람 발암유전자(onchogene)가 발견되어 있다. 이들 발암유전자가 어떤 원인으로 발현하게 되면, 이윽고 세포가 암화하여, 이른바 종양항원(腫瘍抗原)을 표현하게 되는데, 이 동안의 경과에 대해서는 현재로서는 거의 알 수가 없다.

이 문제는 면역계가 언제부터 암세포를 인식하고 배제하게 되는가를 아는 데에도, 또 면역계에 의한 암 공격의 메커니즘을 탐색하는 데에도 매우 중요하다.

면역계에 의한 암의 인식 메커니즘에 대해서는 최근 그것을 공격하는 T세포의 항원 리셉터에 관한 연구가 진보했기 때문에, 그 양식이 차츰 밝혀져 오고 있다. 그러나 면역계 전체로서 어떠한 조절이 이루어지고 있는지, 또는 암세포가 일종의 '관용상태(寬容狀態)'를 획득하여 면역계로부터 도망쳐서 자꾸 증식하는 경우의 메커니즘이 도대체 무엇이냐 하는 것에 대해서는 모르는 것이 많다. 이것들은 본래 긴급하게 연구에 착수하지 않으면 안될 중요한 문제이다.

제11장에서는 이상의 문제와 관련하여 종양항원 외에 종양항원을 코드*하고 있는 유전자, 나아가서는 모노클로날 항체*를 의학적으로 이용하는 경우의 문제점 등에 대해서 우리의 연구를 중심으로 설명하기로 한다.

1. 종속 공통 종양항원

'B16'이라고 불리는 마우스에 자연으로 발생한 멜라노마(mela- noma : 악성 흑색종) 주화세포(株化細胞)를 항원*으로 하여 면역시킨 마우스의 림프구와 미엘로마(myeloma : 골수종) 세포를 폴리에틸렌글리콜로 융합시켜서 모노클로날 항체를 작성하고, 그것을 사용하여 멜라노마 항원을 면역화학적으로 해석해 보았더니 매우 흥미로

운 사실이 발견되었다.

'M2590'이라고 불리는 모노클로날 항체는 마우스의 멜라노마 세포에 반응한 것은 당연하다고 치고, 사람의 멜라노마 세포에도 또 헴스타의 멜라노마 세포에도 마찬가지로 반응했던 것이다. 그러나 사람이나 마우스 이외의 암세포나 정상세포에는 전혀 반응하지 않았다.

이것은 멜라노마 세포에는 종속(種屬)에 공통으로 종양항원(腫瘍抗原)으로서 인식되는 것이 있다는 것을 강력히 시사하고 있다.

그래서 멜라노마 세포로부터 종양항원으로 되어 있는 것을 추출하여 구조를 결정해 보았더니, 그것은 'GM3'라고 불리는 당지질인 것을 알았다. 더구나 그 구조는 정상인 GM3 당지질과 완전히 동일한 구조였다.

그러나 GM3은 암세포에 국한하지 않고 생체에 널리 존재해 있는 당지질이며, 이것이 왜 멜라노마의 종양항원으로 될 수 있는지가 다음 차례의 문제로 되었다.

이 문제를 풀기 위해서 멜라노마 종양항원의 물리화학적인 해석을 하여, GM3에 분자량 3만 1천, 5만 8천 및 8만의 단백질이 결합하여 복잡한 분자복합체를 형성하고 있다는 것을 확인했다. 즉 당지질에 단백질이 결합해 있기 때문에 강글리오시드당(ganglyoside 糖) 사슬의 입체구조의 변화를 초래하여 그것이 종양항원성을 가리키는 것이 아닌가 하고 추찰된 것이다. 이와 같은 강글리오시드와 단백질의 결합을 발견한 것은 달리 예가 없다.

2. 모노클로날 항체에 의한 암 전이의 저지

그런데 암의 면역은 항체*에 의해서 담당되고 있는 것이 아니라 림프구, 그 중에서도 킬러 T세포*가 주역이다. 따라서 지금까지 설

명해 온 멜라노마의 종양항원이 킬러 T세포에 의하여 인식되고 있는 항원과 동일한 것인지 어떤지가 매우 중요하게 된다.

우리의 실험으로부터는 모노클로날 항체 M2590에 의해서 인식되는 종양항원과, 킬러 T세포에 의해서 인식되는 항원은 동일한 것임이 확인되어 있다.

그러나 킬러 T세포가 인식하고 있는 멜라노마 종양항원의 부위 (항원결정기)는 당사슬과 단백질에 걸쳐진 부분이다. 이 단백질은 정상세포에서는 표면으로는 나타나지 않는 듯한 형태를 하고 있지만, 암화하면 표면으로 나와서 킬러 T세포에 의하여 인식될 만한 상태를 만들고 있는 것으로 생각할 수 있다. 또 앞에서 말했듯이, 이 단백질 분자가 종양항원성을 발현하는 데에 중요한 작용을 하고 있다.

따라서 이 단백질 부분을 코드하고 있는 유전자를 추출한다면 종양항원의 발현에 관한 연구가 분자 수준에서 할 수 있다는 것이 된다.

한편 우리는 이 멜라노마 항원의 단백질 부분에 대한 모노클로날 항체를 만드는 데에도 성공하고 있다. 이 항체는 종양항원을 인식할 뿐 아니라 다른 중요한 생물적 기능도 지니고 있다는 것을 알았다. 그것은 암의 전이를 억제하는 기능이다.

암의 전이에는 두 단계가 있다.

첫번째 단계는 원발소(原發巢)로부터 암세포가 조직을 파괴하여 혈관이나 림프관으로 끼어드는 과정이고, 두번째 단계는 이 암세포가 다른 조직에 정착하는 과정이다.

대부분의 고형암의 세포는 조직에 정착하지 않으면 증식하지 않으며, 따라서 전이는 성립하지 않는다.

마우스를 사용한 멜라노마의 전이실험에서 $100\mu g \sim 1mg$의 항체*를 투여하면 전이가 저지되는데, 이것은 이 항체가 앞에서 말한 두번

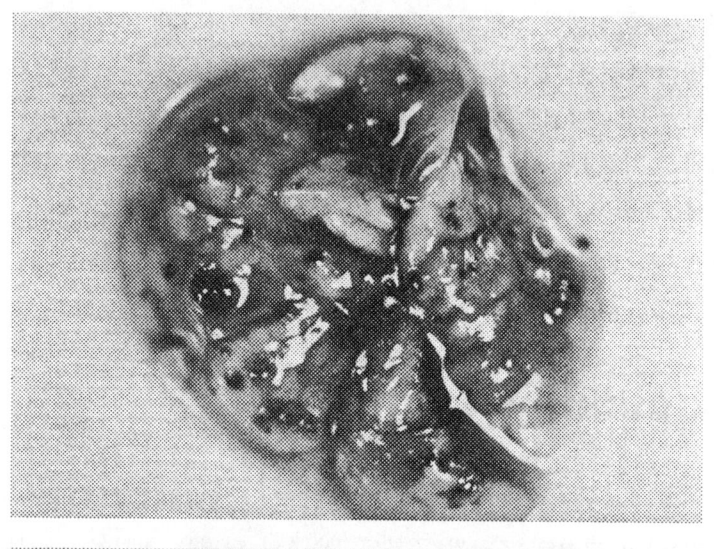

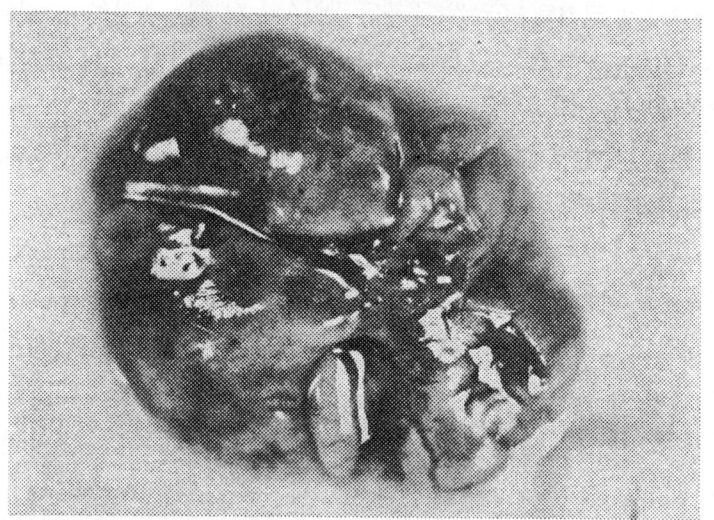

그림 11 - 1. 모노클로날 항멜라노마 항체에 의한 폐전이(肺轉移)의 억제.
폐 표면에 검은 반점 모양의 멜라노마 전이가 무수히 보이는
데(윗쪽 사진), 모노클로날 항멜라노마 항체(M562) 0.00
01g~0.001g을 정맥주사 하자 전이가 제한되어 반점이 보이
지 않게 되었다(아랫쪽 사진).

째 단계를 저해하고 있기 때문이라고 생각된다(그림 11 - 1).

이것으로부터 전이에는 정착할 표적조직을 인식하는 리셉터가 필요하며, 종양항원의 단백질 부분은 종양항원으로도 되어 있지만, 동시에 조직으로의 정착에 관계하고 있는 분자이기도 한 것이라고 추측된다. 이런 의미로부터도 단백질 부분의 유전자의 연구는 매우 중요해지는 셈이다.

그래서 우리는 이 유전자 DNA의 클로닝*을 시도해 보았다.

3. 종양항원 유전자

먼저 마우스의 멜라노마 세포로부터 평균 40kb(킬로베이스. 4만 염기쌍)의 크기로 조금씩 중복된 DNA의 단편을 취하여, 그것들을 PCV103 코스미드* 벡터에 연결시켜 파지*에 짜넣은 뒤에 대장균에 감염시켜서 증식하여, 마우스 멜라노마 세포의 전체 유전자를 약 여섯 번 커버할 만한 DNA 라이브러리(세뇌 게놈 속의 모든 DNA를 잘라서 벡터에 연결해 넣은 재조합 DNA의 집합)를 만들었다. 이 DNA 라이브러리 중에서 종양항원 단백질을 코드하고 있는 DNA를 골라내는 데는 다음의 방법을 사용했다(그림 11 - 2).

사람의 멜라노마 세포에 마우스 멜라노마의 DNA를 도입하면 세포 내의 환경이 비슷하기 때문이라고 생각되지만, 도입된 사람의 멜라노마 세포는 마우스의 종양항원의 단백질 부분의 유전자를 표현하게 된다.

이 세포를 선별하여 마우스 멜라노마 DNA를 추출하면 된다. DNA의 도입에는 세포융합*의 방법을 사용했다.

마우스의 DNA가 도입된 사람 멜라노마 세포의 선발에는 그 세포만이 특정한 대사경로를 사용하여 연명하는 원리를 이용했다.

11. 모노클로날 항체의 의학 이용의 현상과 장래 *143*

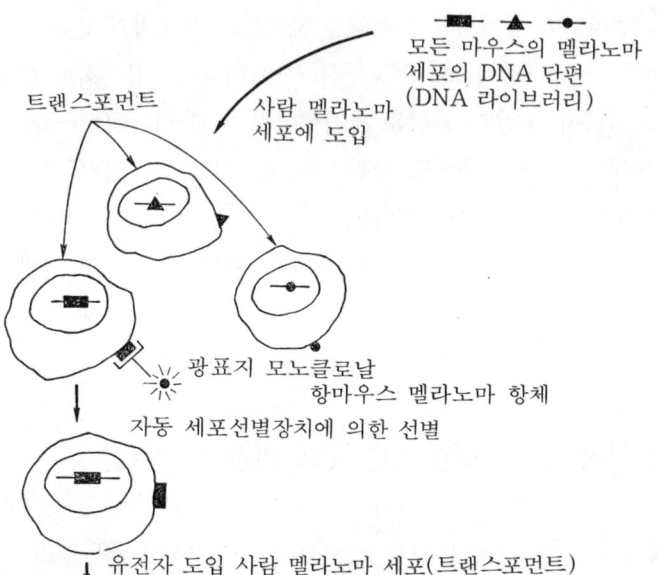

그림 11 - 2. 모노클로날 항체를 사용한 멜라노마 항원 유전자의 클론화

다음에 마우스의 DNA가 도입된 사람 멜라노마 세포(transfor-
mant)의 콜로니 중에서 마우스 멜라노마 종양항원 단백질을 표현하
는 세포만을 가려낼 필요가 있는데, 그와 같은 세포는 전체 중에서
극히 조금밖에 없기 때문에 트랜스포먼트를 형광으로 표지를 한 앞
에서 말한 항멜라노마 모노클로날 항체로 염색한 다음, 형광을 이용
한 특수한 자동세포 선별장치(Fluorescence-activated cell
sorter)를 이용하여 마우스 멜라노마 항원을 표현하고 있는 트랜스
포먼트만을 선별했다.

이리하여 선별한 트랜스포먼트로부터 마우스의 DNA만을 낚아냈
더니 세 종류의 마우스 DNA가 클론화된 것이 확인되어, 그것들을
pD2-1, pD-2, pD2-7이라고 명명했다. 이 셋 중의 어느 하나가

마우스 멜라노마 종양항원 단백질을 코드하는 유전자가 된다.

그래서 사람의 멜라노마 세포주(p-36)에 이들 클론화한 DNA를 각각 도입하여 항원의 발현을 조사했더니 pD2-1, pD2-2를 도입한 경우에는 어느 경우에도 항원을 발현하지 않고, pD2-7을 도입한 세포에서만 항원을 발현했다.

이 실험으로부터 pD2-7 상에 마우스 멜라노마 항원의 단백질 부분을 코드하는 유전자가 있다는 것이 밝혀진 셈인데, 현재 그 구조해석 등 보다 상세한 연구가 추진되고 있다.

4. 방사성 요오드결합 M2590에 의한 화상진단

앞에서 든 모노클로널 항체 M2590을 사용하면 사람 멜라노마와도 반응하기 때문에, 동물실험 수준에서 사람의 암 화상진단(畵像診斷)에 대해서 문제점을 제시할 수 있는 식으로 생각된다.

그래서 50μ Ci(마이크로퀴리)에 해당하는 방사성 요오드(요오드 125) 결합 모노클로날 항체를 만들어, 정상 마우스와 암에 걸린 마우스에 정맥주사를 하여, 경시적(經時的)으로 아이소토프 결합 항체의 집적상황을 추적해 보았다(그림 11-3).

항체가 고농도로 집적해 있는 부위는 아이소토프의 에너지가 높고 붉은 색깔을 드러내기 때문에, 붉은 부분을 추적하면 하루가 지나면 종양부위에 국부적으로 존재하기 시작하여, 사흘 후에는 더욱 국부적 존재가 뚜렷해지고, 닷새 후에는 뚜렷하게 진단할 수 있게 된다.

이와 같이 특이성이 매우 높은 모노클로날 항체가 얻어지면 1 cm 정도의 작은 암이라도 정확한 진단이 가능하다는 것이 제시되었다.

아이소토프 결합 모노클로날 항체를 정맥주사한 마우스를 동결하여, 전신을 얇게 자른 절편으로 만들어 항체의 집적상황을 살펴보면,

11. 모노클로날 항체의 의학 이용의 현상과 장래 *145*

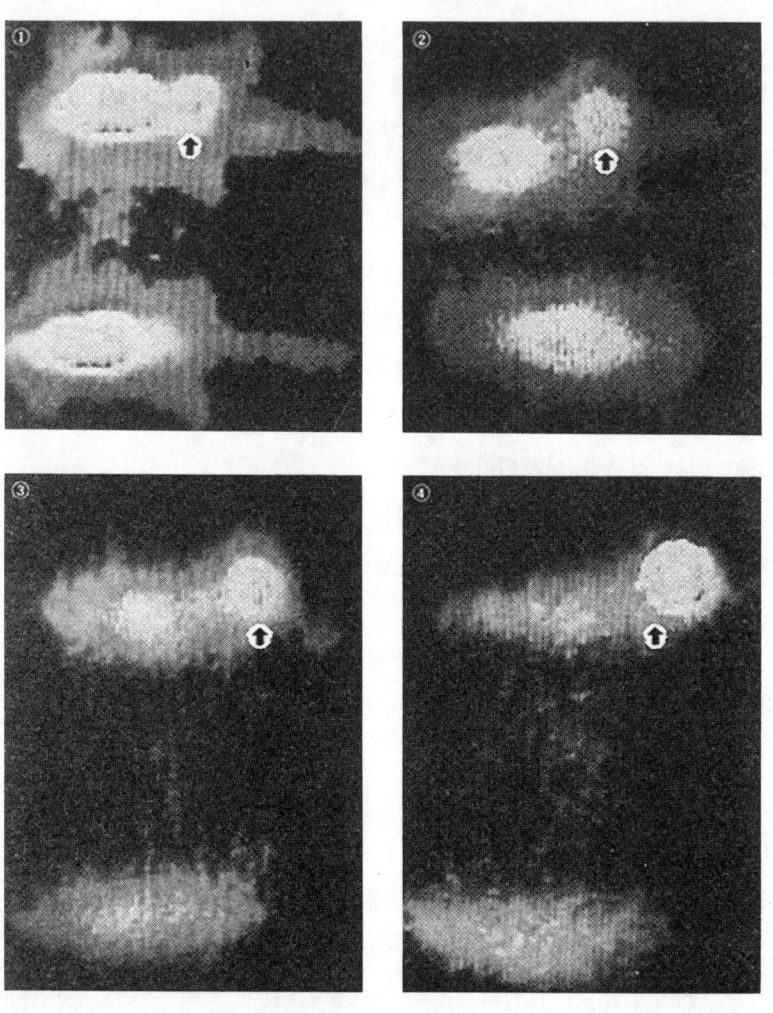

사진 11-3. 모노클로날 항체에 의한 이미징(화상진단). ① 아이소토프(요
오드 125) 결합 모노클로날 항멜라노마 항체 정맥주사 후 1
시간. 이미 종양(멜라노마)의 옆자리에 항체가 모이기 시작한
다. ② 1일 후, ③ 3일 후, ④ 5일 후.

여기서도 항체는 종양부분에 잘 모여 있는 것을 알 수 있다. 그런데 종양소(腫瘍巢)라도 항체가 결합해 있지 않은 부분이 꽤나 있어 불규칙한 반응방법을 하고 있는 것이 인정되었다.

큰 암이 될 것 같으면 그 중심부에는 항체가 도달하지 않고 연변부에만 모이는 일이 있다. 이것은 암이 사이즈에 따라서 항체의 집적 상황이 달라진다는 것을 가리키고 있다.

또 주목되는 것은 전이소(轉移巢)에서의 아이소토프 결합 항체의 집적 비율이 원발소(原發巢)에 비하여 압도적으로 높다는 점이다. 이것은 암세포는 하나의 세포 클론에서부터 출발하고 있더라도, 표현하는 항원의 양이 증식하는 정도에 따라서 꽤나 틀리다는 것을 시사하고 있는 것으로 생각된다.

정도가 진행된 암세포는 항원성을 상실하여 항체와 반응하지 않게 되는 경우가 있고, 반대로 전이세포나 증식이 활발한 암세포는 항원을 잘 표현하는 것이리라.

따라서 인간에게 모노클로날 항체를 사용할 경우, 특히 치료라는 점에서 생각한다면 한 종류의 모노클로날 항체로서는 불충분하다는 것을 엿보게 한다.

실제 문제로서 최근 홋카이도(北海道) 대학이나 나가사키(長崎) 대학 등에서 마우스의 모노클로날 항체를 환자의 진단에 사용하고 있는데, 한 종류의 모노클로날 항체로서는 같은 암이라도 반응하는 것과 반응하지 않는 것, 전이소에서도 반응하는 것과 그렇지 않은 것이 있다는 것을 알게 되었고, 앞에서 말한 일이 이미 현실로 일어나고 있다. 따라서 진단의 경우에도 몇 종류의 모노클로날 항체가 필요한 것으로 생각된다.

5. 키메라 항체의 작제

현재 온 세계에서 만들어지고 있는 모노클로날 항체는 대부분이 마우스의 항체이지 사람의 것이 아니다. 사람형 모노클로날 항체의 개발이 강력하게 요망되고 있지만, 기술적으로 곤란이 있어서 실용화되기 위해서는 상당히 시간이 필요할 것 같다. 따라서 당분간은 마우스형의 항체를 사람에게 이용하지 않으면 안될 상황이다. 마우스형이라도 도움이 되는 것이 있으며 미국에서는 암치료에도 사용되고 있는데, 이를테면 지름 1 cm 정도의 멜라노마라면 약 70%의 것을 완전히 고칠 수 있는 데까지 와 있다.

그러나 마우스의 모노클로날 항체는 사람에게는 이물(異物)이기 때문에 사람은 그것에 대한 면역계를 발동시켜 항체를 만들고, 그 결과 혈관이나 조직에서 항원항체반응이 일어나서 아나필락시 충격(anaphylaxis shock ; 항원항체반응에 의해서 일어나는 전신성의 강한 쇼크 증상)이나 혈청신염(血淸腎炎)이라는 부작용을 일으킬 위험이 있다.

또 이와 같은 부작용을 일으키지 않더라도 장기간에 걸쳐서 투여하면, 처음에는 효과가 있다가도 항원항체 결합물을 만들어서 생체로부터 제외되기 때문에 듣지 않게 되어 버린다. 그래서 마우스형 항체를 사람에게 투여하더라도 부작용이 적은 것으로 하는 연구가 필요하다.

항체분자는 아미노산 210 개의 가벼운 사슬*과 아미노산 40 개의 무거운 사슬*로부터 구성되고, 이것이 S－S 결합(디술피드결합 ; 단백질분자의 입체구조를 결정하거나 안정화하는 가교결합의 하나)으로 결합되어 있다.

항체의 구조는 항원을 인식하고 특이적으로 결합하는 결합기 부분

(가변부)과, 항체로서의 생물활성을 발휘하는 부분(정상부)의 두 주요 부분으로 대별할 수 있다. 후자는 다른 종류의 동물에 투여했을 경우에 강한·항원성을 나타내는 부분이기도 하다.

그래서 마우스 모노클로날 항체의 결합기 부분(가변부분)은 그대로 두고, 이종동물에 투여한 경우에 이물로서의 작동을 하는 항체부분(정상부분)을 사람의 것으로 치환한 이른바 '키메라(chimera) 항체'를 만들면, 부작용을 훨씬 경감할 수 있을 것으로 생각된다. 그것은 단백질 자체를 조작하는 기술은 현재로는 없기 때문에 재조합 DNA 기술에 의해서 실시했다.

항체분자는 앞에서 말한 두 개의 주요 부분으로부터 구성되어 있는데, 그것을 지배하는 유전자는 항체를 만드는 세포에서는 떨어져서 존재하고 있다.

이 유전자 기구(機構)를 이용하여, 사람의 암세포를 인식하는 항체를 만들고 있는 마우스 세포로부터 가변부분을 지배하는 유전자 DNA를 추출하여 이것에 사람형 항체유전자로부터 분리시킨 정상부분을 지배하는 유전자 DNA를 이어맞추어서 키메라 유전자를 만들었다. 이 키메라 유전자를 NS-1이라고 하는 마우스 세포에 인공적으로 도입하여, 키메라 항체를 만들게 하는 데에 성공했다.

완성된 키메라 항체는 사람형 항체의 정상부분과 마우스형이기는 하지만 사람의 암세포를 인식하는 항체 가변부를 지니고 있다.

이 키메라 항체를 실제로 사람에게 투여한 경우, 부작용이 어느 정도로 경감되는지 현재로서는 분명하지 않으나, 이론적으로는 사람형 항체에 매우 가까운 것이기 때문에 이용가치는 충분히 있는 것이라고 생각된다.

12. 단백질은 살아있다

생물에서의 다양한 기능을 발현하는 최전선에는 항상 단백질의 모습이 있다. 수용액 속에서의 단백질의 형태는 참으로 다양하다. 그리고 단백질을 다이나믹하게 이해하는 일이 5년 후, 10년 후의 바이오 테크놀러지의 발전을 떠받칠 것임은 의심할 바 없다.

단백질을 어떻게 파악할 것이냐가 12장의 주제이다.

Yoji ARATA(荒田洋治)

일본 도쿄대학 약학부 교수, 이학박사. [경력] 1956년 도쿄대학 의학부 약학과 졸업, 전기통신대학 조교, 도쿄대학 이학부 조교수를 거쳐 1986년부터 현직에 이름. [전공] 약품 물리화학. [주요 저서] 『생체물질의 NMR』, 『면역의 분자론적 기초』

1985년대부터는 단백질의 시대로 접어들었다. 단백질을 인공적으로 개조하여 자연계에는 없는 새로운 단백질*을 만들어 내자고 하는 것이다. '바이오테크놀러지', '단백질공학' 등의 말이 사람들에게 아주 예사로운 말로 되어가고 있다.

그러나 우리가 연구대상으로 삼고 있는 단백질은 그렇게 단순한 것일까? 생체 내에서 여러 가지 기능을 담당하고 있는 단백질은 자연이 아찔하리 만큼 기나긴 세월에 걸쳐서 만들어 놓은 '예술품'이다.

단백질은 크기도 형태도 매우 다양하다. 한 개의 단백질 분자를 들어 살펴보더라도, 어느 부분은 단단하고 어느 부분은 연하다. 또 어느 부분은 산성 아미노산이 많고 어느 부분은 염기성 아미노산이 많다.

20여 종류의 아미노산의 조합에 의해서 만들어지는 단백질은 무한한 종류가 있다고 해도 무방하다.

분자생물학으로부터 본 단백질의 모습은 어떤 의미에서는 매우 단순하다. DNA*가 코드*하는 1차원 정보가 곧 단백질이라고 생각하면 확실히 그대로이다. 그러나 실제로 여러 가지 기능을 발현하기 위해서는 단백질은 살아있지 않으면 안된다. 그러기 위해서는 단백질은 3차원적인 실뭉치 모양의 구조(고차구조)를 갖지 않으면 안 된다. 단백질은 더구나 고차구조를 갖는 실뭉치 모양의 단위(유닛)가 몇 개나 모여서 기능을 수행하는 일이 많다. 각각의 유닛이 단순한 기능을 분담하고, 그 유닛 사이에는 필요하고도 충분한 정보의 교환이 항상 원활하게 이루어지고 있다.

자연은 이들 조건을 만족시킬 만한 훌륭하게 설계된 단백질을 만들어 온 것이다.

1. 단백질시대를 위한 조건

바이오테크놀러지에 의해서 단백질을 만들어 내고 다시 그 개조에
나서려 할 때 다음의 여러 점을 철저히 검토할 필요가 있다.

(1) DNA에 의한 유전정보를 어떻게 하여 살아있는 단백질로 옮
기느냐

(2) 자연이 만들어 낸 단백질분자와 완전히 동일한, 살아있는 단
백질이 만들어졌다는 것을 확인하는 방법론의 확립

(3) 자연이 현재까지 도달한 단백질을 개선한다고 하면 어떤 전략
으로 나아가려 하는가?

(1)의 관점에서 생각해 보자.

1961년 미국의 안핀젠(C. B. Anfinsen)은 그 후의 단백질화학
전반에 커다란 영향을 끼친 실험결과를 보고했다. 소의 췌장 속에 있
는 RNA 분해효소 리보뉴클레아제 A를 사용하여, 활성(活性)의 발
현에 필요한 단백질의 고차구조는 1차구조를 부여하면 일의적(一義
的)으로 결정된다는 것을 제시했던 것이다. 리보뉴클레아제 A는 시
스테인(α-함황 아미노산의 하나) 8개 사이를 4개의 디술피드결합
(S-S 결합이라고도 한다. 단백질분자의 고차구조의 형성이나 안정
화에 중요한 작용을 하는 결합)으로 '가교(架橋)'되어 있다.

안핀젠은 먼저 리보뉴클레아제 A를 환원하여 디술피드결합을 제
거하고 또 변성제(變性劑)를 첨가함으로써 살아있는 단백질을 특징
짓는 고차구조를 파괴했다.

이어서 ① 환원조건 아래서 투석에 의하여 변성제를 제거하고, ②
완만한 조건에서 시스테인의 SH기를 재산화하면 본래와 같은 리보
뉴클레아제 A가 환원되었던 것이다.

8개의 시스테인 사이에 '랜덤하게' 다리가 걸려진다고 하면, 7 ×
5 × 3 즉 105종류의 조합의 디술피드결합이 만들어진 것이다.

이 결과는 변성제를 잘 제거하면 설사 디술피드결합이 없더라도
단백질은 '되감겨져서' 고차구조를 취하고, 이 상태에서 디술피드결
합을 만들어 주면 본래의 살아있는 단백질이 만들어진다는 것을 의
미한다.

그렇지만 현실적으로는 단백질의 '환원'이 이와 같이 잘 되는 것만
은 아니다. 이를테면 대장균의 균체 속에서 지극히 고농도로 축적된
단백질은 글자 그대로 '뭉쳐져 있어' 쉽게 풀려지지 않는다. 쉽게 풀
려지지 않기 때문에 디술피드결합을 재산화(再酸化)에 의해서 만들
려고 해도 잘 되지 않는다.

이치상으로는 옳다고 인정되고 있는 안핀젠의 결론에도 불구하고
이상하게 농도가 높고, 더구나 부자연스런 환경에 놓여진 단백질의
재생을 목적으로 한 경우에는 현실문제로서 해결해야 할 많은 문제
가 남아 있다.

또 한 가지 중요한 점은 DNA 사슬상에는 직접으로는 코드*되어
있지 않은 정보의 문제이다.

즉 번역* 후에 일어나는 단백질분자의 수식(修飾)이나 당사슬의
결합 등이 이것에 해당한다.

당단백질의 고차구조나 생물활성 발현에서의 당사슬의 역할에 대
해서는 분명하지 못한 부분이 많은데, 원핵생물*을 호스트(host ; 숙
주가 되는 세포)로 하는 경우에는 당사슬이 결합해 있지 않은 단백
질이 만들어진다는 것, 진핵생물*의 경우에도 호스트의 차이에 따라
서 여러 가지 당사슬이 결합할 가능성이 있다는 것, 또 당단백질에서
의 당사슬은 일반적으로는 균일하지 않다는 것 등의 사항에 주의를
기울여야 할 것이다.

여태까지에서 말한 점을 생각할 때, 제2의 문제가 중요한 의미를 갖게 된다.

단백질의 고차구조를 해석하는 방법으로서는 결정을 사용하는 X선 결정 해석 및 수용액 속의 구조를 조사하는 핵자기공명(NMR)이 있다.

X선 결정 해석이 가져다 준 단백질의 고차구조에 관한 정보는 참으로 귀중한 것이다.

그러나 여기서 밝혀지게 되는 단백질의 구조는 결정을 만든 단백질의 구조이며, 수용액 속에서 살아있는 단백질이 활동하고 있는 모습은 아니다. 현재로서는 수용액 속에서의 살아있는 단백질의 모습을 적어도 그 일부라도 볼 수 있는 방법은 NMR뿐이다.

NMR은 분자량이 작은 단백질분자의 경우는 글자그대로 '머리 꼭대기에서부터 꼬리 끝까지' 해부학적 지식을 제공하고 바로 수용액 속의 분자의 X선 결정 해석판이라고도 할 수 있다. 커다란 단백질분자의 경우에는 더 대범한 단백질분자의 형태에 관한 정보가 얻어진다.

이것은 매우 정성적(定性的)인 것이지만, 그 정보는 단백질의 고차구조를 반영하고 있는 만큼 귀중한 것이다.

유전자 재조합 방법으로 만든 단백질분자가 정말로 고차구조를 취하고 있는지 어떤지, 그 형태는 진짜와 같은 것인지 아닌지 등등의 논의에는 NMR의 패턴을 보는 것이 무척 도움이 된다. 다시 한번 되풀이하지만, 수용액 속에서의 단백질의 고차구조에 관한 정보를 아미노산의 수준에서 제공하는 것은 NMR뿐이다.

제3의 문제로 옮겨 가자.

단백질분자를 개선하려 한다면 당연히 상대를 철저하게 알지 않으면 안된다. X선 결정 해석과 NMR의 성과를 바탕으로 이해가 진행

되고 있기는 하지만 그러나 자연이 만들어 낸 단백질은 너무나 다양하다. 무엇인가 통일적인 전략을 우리가 손에 넣으려면 아직도 시기가 이르다고 말하지 않을 수 없다. 앞으로도 차분한 기초연구가 반드시 필요하다는 이유가 여기에 있다.

2. 단백질은 살아있다 — 면역글로불린의 경우

이상에서 말한 총정리로 살아있는 예술품으로서의 단백질분자의 예로서 우리가 과거 10년 남짓하게 NMR을 사용하여 연구하고 있는 면역 글로불린*에 대해서 설명하겠다.

면역글로불린의 주요한 기능은 Fab와 Fc라고 불리는 두 영역이 따로따로 담당하고 있다.

항원을 인식하는 것은 Fab이고, Fab로부터의 정보를 받아서 보체계(補體系)*를 활성화하는 등의 기능(에펙터 기능)을 발현하는 것은 Fc이다. Fab와 Fc 사이에는 '힌지'라고 불리는 짧은 영역이 개재한다.

단백질을 '무대'로 하여 여러 가지 생물활성이 발현되기 위해서는

1) 상호작용의 무대의 형태가 적당한지 어떤지

2) 그 무대에 상호작용을 하는 상대가 접근할 수 있는지 어떤지

의 두 가지 점이 본질적이다. 이 두 가지 점은 단백질을 무대로 상호작용이 일어나야만 비로소 면역기능이 발휘된다고 하는 것에서 보아매우 중요하다.

(1) 힌지영역의 존재 의미

먼저 두번째 점부터 고찰해 보자. 교과서에는 X선 결정 해석에 의한 면역 글로불린의 아름다운 고차구조의 그림이 실려 있는데, 이 분

자는 항원의 인식은 가능하지만, 에펙터 기능을 결여하고 있다. 즉 면역 글로불린으로서는 결함품(缺陷品)인 것이다.

아미노산 배열을 조사해 보면, 에펙터 기능이 결여된 이 면역글로불린은 실은 힌지영역의 아미노산의 대부분이 결락(缺落)되어 있다.

이 점에 관해서 X선 결정 해석과 NMR을 조합함으로써 힌지부분의 고차구조를 철저하게 조사한 결과, 다음과 같은 흥미진진한 사실을 알았다.

첫째로 힌지영역에 1회전의 나선(helics)이 존재하고 있다는 점이다.

중요한 점은 헬릭스가 존재함으로써 면역 글로불린의 두 Fab 부분의 상대적인 위치관계가 자유로이 바뀌어질 수 있다는 점이다.

항원에는 여러 가지 크기의 것이 있을 수 있으므로 면역 글로불린도 이것에 대응하여 정확하게 반응할 만한 유연성이 요구된다. 1회전의 나선구조는 이런 의미에서 매우 중요한 기능을 하고 있다.

둘째로는 나선구조에 이어서 시스테인-프롤린-시스테인(Cys-Pro-Cys)라고 하는 아미노산 잔기의 사슬이 존재하고, 이 부분은 말하자면 '스페이서'[틈새(space)를 만드는 부분]로서 중요한 역할을 담당하고 있다는 점이다.

나선부분이 취하는 연구조(軟構造)의 덕분으로 면역 글로불린은 자유로이 형태를 바꿀 수 있는데, 이 Cys-Pro-Cys 부분은 단단하고 튼튼하여 Fab 부분을 밑에서부터 들어올리는 구실을 하고 있다.

이 점도 면역 글로불린의 기능 발현에 있어서 매우 중요하다. 즉 Fc에 여러 가지 단백질, 이를테면 보체계 단백질의 제1성분이 접근하여 에펙터 기능을 발현하기 위해서는 Fab가 위로부터 덮씌워져서 방해해서는 곤란하다.

세번째는 Cys-Pro-Cys 부분은 스페이서로서의 역할을 하고 있는

156

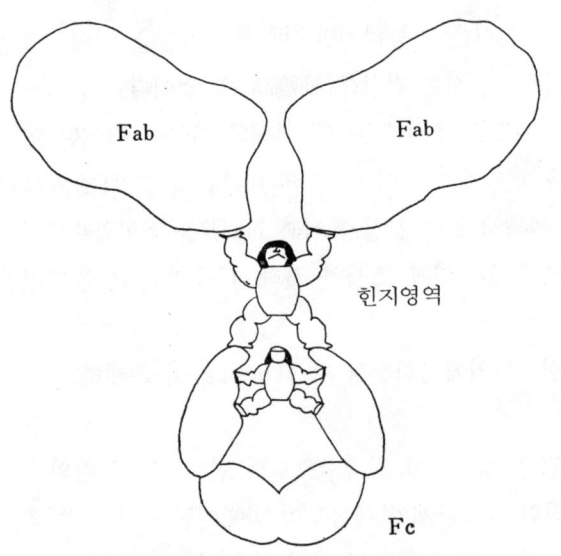

그림 12 - 1. 면역 글로불린분자의 고차구조 〔도쿄대학 약학부 생체이물·
면역화학교실 아즈마(東伸昭) 씨에 의한 모식도〕

동시에 Fc가 에펙터 기능을 발현하는 데에 편리하도록 고차구조
의 형태를 적절하게 만들어 내는 기능을 하고 있는 점이다. 그림 12
-1은 이상의 점을 고려해서 그린 모식도이다.

(2) Fc와 프로테인 A의 상호작용

다음에 면역글로불린이 기능을 발휘하는 데 그 형태는 적당한가
하는 문제에 대해서 생각해 보고 싶다. 이것은 장래 단백질을 디자인
할 때의 열쇠가 되는 것이기도 하다.

면역 글로불린의 Fc에는 두 가지 도메인*이 있다. 프로테인 A
(황색 포도구균의 세포벽에 있는 단백질)은 이 도메인과 도메인 사
이의 부분을 인식하여, Fc에 선택적으로 결합하는 일이 알려져 있
다. 프로테인 A와 Fc의 상호작용의 세기는 수소이온농도지수(pH)

에 의존한다.

즉 높은 pH에서는 양쪽은 결합하고, pH를 내리면 해리가 일어난다. 이것으로부터 프로테인 A와 Fc의 상호작용은 단백질분자 표면의 전하에 관계하고 있다고 생각된다.

만일 그렇다고 한다면 ＋와 －, 또는 －와 ＋에서 결합하여 ＋와 ＋로 되었을 때에 떨어져 나간다고 생각하는 것이 상식적이다. 그런데 조사해 보면 사태는 그렇게 단순하지 않다.

프로테인 A와 Fc가 결합하고 있을 때에는 양쪽의 단백질분자면 위의 ＋와 ＋가 서로 피하는 형태로 분포해 있다. pH가 내려가면 새로운 ＋가 출현하여 양쪽 면의 ＋끼리가 서로 충돌하게 된다.

이것에 의하여 ＋와 ＋가 서로 피한다고 하는 형태의 '상보성'이 상실된다. 이것이 두 개의 단백질분자의 결합이 풀려질 때의 전하분포의 상황이다.

이 결과는 단백질간의 상호작용에서 ＋와 －가 끌어당기는 것만이 중요한 요소가 아니라는 것을 시사하고 있다. 이것은 또 단백질분자를 무대로 하는 상호작용, 그리고 인식을 논의할 때에 매우 중요한 의미를 갖고 있는 것이 아닐까 하고 생각한다.

(3) 항원항체반응은 패턴 인식이다

이상을 항원항체반응*의 측면에서 논의해 보자.

최근 몇 가지 연구그룹에 의해서, 항원항체복합체(항원항체반응에 의해서 생긴 산물)의 X선 결정 해석이 진행되고 있다. 파스퇴르 연구소의 그룹이 발표한 항닭난백라이소자임 모노클로날 항체와 닭난백라이소자임의 복합체 그림을 보면, 항체는 항원의 작은 특정 부분을 인식하고 있는 것이 아니라, 더 넓은 부분을 대범하게 인식하여 행하고 있다.

닭의 라이소자임*에 상동(相同)의 몇몇 라이소자임에 대한 항닭난백라이소자임 모노클로날 항체와의 반응에서도 프로테인 A와 Fc의 경우와 마찬가지로 표면의 전하분포의 패턴의 상보성의 일치가 인식을 위한 필요조건이다.

이 점은 무한하다고 할 수 있는 다양한 항원에 대해서 항체는 도대체 몇 종류가 준비되어 있으면 되느냐고 하는 기본적인 문제와 깊이 관계하는 듯이 생각된다.

항원항체반응에 관련하여 효소*와 기질*은 '열쇠와 열쇠구멍'의 관계에 있다고 하는 것이 자주 인용되는데, 이것과 같은 일이 항원항체반응에서 일어나고 있다고는 생각하기 어렵다.

알지도 못하는 상대(항원)에 딱 들어맞는 고차구조(항원결합부위의)가 언제나 준비되어 있다고 생각하는 것은 지극히 부자연스런 일이기 때문이다.

개개 항원에 대한 모노클로날 항체*의 인식은 막연하고 무딘 것이어서 면역 글로불린의 특이성은, 바로 뒤에서 설명하듯이 다종류의 모노클로날 항체의 집단인 폴리클로날 항체에 의해서 담당되는 통계적인 성질로 생각해야 할 성질의 것이다. 항원과 항체가 서로 상대를 '패턴'으로서 파악하고 있다고 이해하는 것의 중요성이 여기서 나온다.

이를테면 아미노산의 치환이 항체 쪽에 일어나 있었더라도 또는 구조가 매우 다른 항원이었더라도 패턴이 맞는 상대라면 결합한다. 모노클로날 항체에 의한 인식은 막연하고 무딘 것이라고 자연히 생각할 수 있다. 개개의 모노클로날 항체가 갖는 특이성은 이상에서 말한 의미에서 무딘 것이며 따라서 모노클로날 항체는 여러 가지 상대와 결합할 수 있는 가능성을 갖는다.

'무딘 성질'의 다른 다양한 모노클로날 항체의 혼합물은 공통의 성

12. 단백질은 살아있다 *159*

질로서 본래의 항원에서 반드시 결합한다. 다른 것을 인식하는 (즉 교차반응성을 갖는) 항체가 이 혼합물 속에는 많은 종류가 들어 있다. 그러나 각각의 교차반응성은 어느 것도 다르다.

즉 교차반응성에 의하여 항체가 예상하지 않은 상대를 인식해 버릴 가능성은 공통의 항원을 인식하는 많은 종류의 모노클로날 항체를 준비하면 피할 수가 있다. 여기에 폴리클로날 항체의 존재의의가 있다.

여태까지는 전하분포에 의한 패턴만을 문제로 삼아 왔으나, 그밖의 여러 가지 형태의 상호작용에 대해서도 같은 말을 할 수 있는 것이 아닐까 하고 생각한다. 이를테면 항체나 렉틴(당결합성 단백질)에 의한 당의 인식에는 보다 일반적인 상호작용과 그것에 바탕하는 패턴을 생각할 필요가 있을 것이다.

이상에서 논의해 온 점은 항원항체반응에 특수한 현상이 아니라, 단백질을 무대로 하는 인식에 깊이 관계되고 있는 일반적인 원리가 아닐까? 이를테면 효소와 기질의 상호작용이라고 하더라도 열쇠의 역할을 하는 기질이 열쇠구멍인 효소의 활성부위에 100% 끼어든다고 생각하는 것은 너무도 부자연스럽다.

전통적인 효소화학의 방법에 의한 연구논문에서는 '어느 것과 어느 아미노산 잔기가 활성 발현에 필수'라고 되어 있는데, 이 말도 상대적인 의미를 갖는 것에 지나지 않는다.

유전자 재조합의 방법에 의해서 효소의 활성 발현에 필수적일 터인 아미노산을 치환하더라도 활성이 항상 100% 소실되는 것은 아니다.

기질과 효소의 결합도 상당한 여유를 가지고 행해지고 있다고 생각하는 것이 자연스럽다. 그리고 활성부위를 중심으로 하는 효소의 고차구조와 기질이, 서로의 패턴을 인식하고 그 패턴이 맞는 정도를

반영하여, 효소와 기질이 결합하는 정도 그리고 효소의 특이성과 반응성이 결정될 것이다.

여기서 강조해 두고 싶은 것은 정전기적(靜電氣的)인 상호작용은 그밖의 상호작용과 비교해서 매우 멀리까지 그 영향이 미치는 특징을 갖는다는 점이다.

세포끼리의 상호작용은 세포(표면의 리셉터)가 다른 세포(표면의 어떠한 마커*)를 보는 것에 환원될 것이다. 이 경우 상대를 최초에 인식하는 것은 대체적인 그러나 멀리까지 미치는 상호작용일 것이다.

또 멀리까지 미치는 정전기적 상호작용으로 상대를 거칠게 식별한다. 이것에 의하여 가까이로 끌어당긴 상대를 더욱 세밀하게 인식하는 데에 이미 말한 전하의 분포, 또는 여러 가지 상호작용에 바탕하는 패턴을 바탕으로 한 구조의 미조정(微調整)이 중요한 역할을 하고 있는 것이 아닐까?

최근에 항체와 비슷한 인식기능을 갖는 분자의 구조가 유전자 수준에서 잇달아 해명되고 있다.

T세포 리셉터는 그 대표적인 것인데, 이들 면역학적 인식분자는 기본구조가 면역 글로불린의 공통의 분자가족에 속하며, 인식의 양식도 기본적으로는 공통원리에 바탕하고 있다고 생각되고 있다.

그러나 DNA가 아니라 그 산물인 살아있는 단백질을 입수하여 그 고차구조가 인식과 어떻게 관계되고 있는가를 실증하지 않는 한, 어떠한 연구도(설사 아무리 훌륭한 것이라도) 결국은 단순한 상상의 세계의 산물로 끝나 버린다. 이런 의미로부터 면역 글로불린에 의한 항원인식양식의 연구를 철저히 하는 것은 앞으로 중요성을 띠게 될 것이다. 그 성과를 다시 유전자 수준에서 밝혀진 면역학적 분자가족으로 발전시키기 위해서는 살아있는 단백질을 '산과 같이' 대량으로 입수하지 않는 한 결말이 나지 않는다.

적어도 유럽이나 미국의 연구 그룹은 이 선에 따라서 연구를 진행하게 될 것이 틀림없다. 물량작전이야말로 단백질의 시대를 개척하는 일반적인 기본전략이다.

단백질의 시대에 우리가 해야 할 일은 분자생물학과 단백질화학이 혼연일체가 될 살아있는 단백질을 항상 염두에 둔 기초학문 및 그 응용을 크게 발전시키는 일이라는 것을 새삼 강조해 두고 싶다.

13. 유전병의 치료를 둘러싸고

유전자의 이상으로 생기는 유전병은 지금까지 충분한 예방법도 치료법도 없는 질병이라고 생각되어, 현대의학이 해결을 강요당하고 있는 어려운 문제의 하나이다. 개개 유전병의 빈도는 그다지 높지 않으나 유전병의 종류는 2000을 넘는 것으로 생각되며, 이들 모두에 통용될 만한 공통치료법의 개발이 요망되고 있다.

유전자(DNA) 자체의 이상을 정상적인 유전자의 도입으로써 보충하려 하는 시도인 유전자치료가 유전자공학의 진보에 의해서 현실화되어 가고 있다. 13장에서는 그 현황과 문제점, 장래의 전망을 개관해 보기로 한다.

Takehiko SASAZUKI(笹月健彦)

일본 규슈(九州)대학 생체방어의학연구소 유전학부문 교수, 의학박사. 〔경력〕 1965년 규슈대학 의학부 졸업, 1970년 도쿄의과 치과대학 대학원 박사과정 수료, 미국 스탠퍼드대, 도쿄의과 치과대학 교수를 거쳐서 1984년부터 현직에 이름. 〔전공〕 면역유전학, 인류유전학. 〔주요 저서〕『면역의 유전』외.

1. 단인자질환과 다인자질환

우리가 보통으로 부닥치는 질병 가운데는 이른바 단인자성(單因子性) 질환과 다인자성(多因子性) 질환이 있다. 이들 질환을 가로 놓고 보면, 한 쪽 끝에는 유전요인이 거의 100% 관여하는 질병이 있고, 다른 끝에는 환경요인이 거의 100% 관여하는 질병이 위치한다. 실제로는 환경요인만으로 일어나는 질병은 거의 없고, 여기에는 뜻밖의 사고라든가 외상(外傷)이 위치하고 있다(그림 13-1).

한편 유전자의 질적 변이 또는 결손이 그 질병의 발현에 제1의적

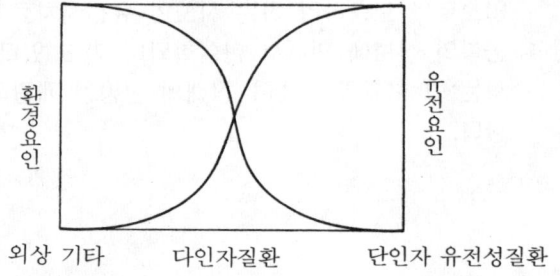

그림 13-1. 질병에서의 환경요인과 유전요인의 관계

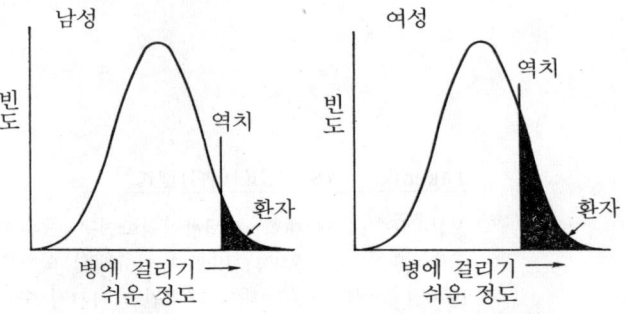

그림 13-2. 발증의 소인량과 발증에 요하는 역치의 남녀 차

(第 1 義的) 역할을 하고 있는 것을 '단인자 유전성질환'이라고 하고, 여기서는 이것을 '유전자병'이라고 부르기로 한다. 이것에 대해서 유전요인과 환경요인의 상호작용에 의해서 발병하는 질환을 '다인자질환'이라고 부른다.

어떤 형질을 유전자(DNA)와 환경의 관계라고 하는 측면에서부터 고찰해 보기로 하자.

이를테면, 작은 키에서 큰 키까지 가로로 늘어놓아 보면, 괘종(掛種) 모양의 정규분포를 나타낸다. 즉 사람의 신장이라고 하는 형질은 연속적으로 변화하고 있으며, 그것을 규정하는 단일 유전자를 동정(同定)한다는 것은 직감적으로도 알 수 있듯이 불가능하다.

신장은 유전도 관여하지만, 환경도 관여하는 양적이고 연속적인 형질이다. 실은 유전과 환경의 양쪽이 관여하여 발현하는 질병도, 양적이고 연속적 형질(병에 걸리기 쉬운 정도)을 기초로 하여 어느 역치(閾値)를 초과한 경우에 발증(發症)하는 준연속적 형질이라고 생각할 수 있다(그림 13-2).

그와 같은 질병의 발증에는 사람의 유전자의 변이 또는 결손이 결정적인 역할을 하고 있을 턱은 없을 것이므로, 유전자치료의 대상으로는 우선시 될 수가 없을 것이다.

이와 같은 다인자질환의 근원적인 치료법은 장래에 어떤 방향으로 나아갈 것인지 유전자치료와 대비하는 의미에서 우선 간단히 소개하기로 한다.

2. 다인자질환의 근원적 치료법

예로서 삼나무 화분증을 들어본다.

매년 2월초부터 3월말에 걸쳐서 삼나무 화분(花粉)이 공중을 날

아다니고 많을 때는 24시간에 유리 수집판에 1 cm² 당 200개나 되는 화분이 부착되기도 한다. 즉 이 시기에는 일본인 집단의 전원이 대량의 삼나무 화분에 드러나 있는 셈인데, 화분증 —— 비(鼻) 알레르기—— 를 발증하는 것은 집단 중의 10% 정도이다.

가계(家系) 분석을 하면, 삼나무 화분증의 발증에는 유전요인이 관여하고 있는 것을 알 수 있다. 그렇기는 하나 그 유전요인을 지니고 있는 사람이라도 화분에 드러나지 않으면 발증하는 일은 없다.

이 점으로부터 삼나무 화분증은 유전과 환경의 상호작용에 의해서 발증하는 다인자질환의 하나의 대표적인 예라고 할 수 있을 것이다.

삼나무 화분으로부터 알레르겐(알레르기반응을 일으키는 물질)을 정제하면 43 킬로돌턴(71.423×10^{-21}g. 1 돌턴은 약 1.65×10^{-24}g 이다) 크기의 펩티드*가 얻어진다.

이것에 대한 면역응답성을 조사하면, 화분증 환자는 강한 면역응답성을 가리키며, 면역 글로불린 E(IgE) 클라스의 항체를 생산한다.

이것에 대해서 건강한 사람은 전혀 항체를 생산하지 않는다. 즉 삼나무 화분증은 IgE 클라스의 항체 생산에 바탕하는 I형(즉시형) 알레르기성 질환이다.

항체를 생산하지 않는 사람의 림프구 속에는 항체 생산을 억제하는 서프레서 T세포가 존재하고, 시험관 내에서 건강한 사람의 림프구를 환자의 림프구로 이입하면 삼나무 화분에 대한 항체 생산이 억제된다.

이것과 같은 일이 일본서식 혈흡충증(血吸虫症)에서도 볼 수 있다. 일본서식 혈흡충의 자웅이 동시에 감염되면 장래에 간경변(肝硬變)을 발증하는 경우가 있는데, 이 기생충에 대해서 강한 면역응답을 나타내는 사람이 발증하고 그렇지 않은 사람은 발증하지 않는다.

이것도 면역응답을 했기 때문에 상태가 나빠지는 예이다. 그리고

13. 유전병의 치료를 둘러싸고 *167*

이 강한 면역응답은 HLA(주요 조직적합 항원) 클라스 II의 DR이라고 하는 분자에 대한 단클론항체*의 투여에 의해서 완전히 억제할 수가 있다. HLA 클라스 II에는 DR, DQ, DP라고 하는 세 종류의 항원분자가 존재하는 데, DR 이외의 DQ, DP에 대한 단클론항체에서는 이 면역응답은 억제되지 않는다. 즉 DR이 이 면역응답에 결정적으로 중요한 역할을 하고 있는 것이 되고, 이것에 대한 단클론항체가 면역응답의 억제효과를 담당하는 셈이다.

반대로 서프레서 T세포에 의해서 면역억제가 일어나고 있는 경우에는, DQ 분자에 대한 단클론항체에 의해서 면역억제를 방해하고 면역응답을 회복시킬 수가 있다. 이것은 HLA의 DQ야말로 면역억제에 직접 관여하고 있는 분자라는 증명도 된다.

면역응답을 축으로 하여 유전과 환경의 상호작용에 의해서 발증하는 질병의 경우, 면역응답을 했기 때문에 상태가 나빠지는 케이스에서는 항 DR 단클론항체에서 면역응답을 방해할 수 있고, 반대로 억제에 의해서 면역응답이 불가능하기 때문에 발증하는 것에 대해서는 항 DQ 단클론항체에서 면역억제를 해제하는 등 인위적 면역억제에 의한 질병의 예방, 치료효과는 마우스에서 이미 증명되어 있다.

이와 같이 면역 메커니즘이 관여하는 질병은 그것을 지배하는 유전자 자체를 인위적으로 조작하면 다른 감염에 대한 방어에 불편이 생기기 때문에, 최종적인 효과발현의 단계에서 단클론항체를 사용하여 면역응답을 인위적으로 컨트롤함으로써 예방이나 치료를 할 수가 있다.

이것은 다인자질환에 대한 근본적인 치료의 한 가지 방향이라고 할 수 있을 것이다.

3. 유전자치료의 대상

이것에 대해서 단인자 유전성질환인 유전자병에 대해서 생각해 보자. 유전자병의 종류는 일반적으로는 2,000~3,000 종류가 있다고 한다. 그러나 이 전부에 대해서 관여하는 유전자가 동정된 것은 아니다.

질병에 관계없이 1982년까지 동정된 유전자의 수는 우성, 열성, 반성열성(伴性劣性)을 합쳐서 3,368이다(표 13-1).

표 13-1. 유전자 자리가 결정된 것의 수의 추이

유전양식	1958년 (페르슐에 의함)	1966	1968	1971	1975	1978	1982
				(맥큐직에 의함)			
우 성	285	269	344	415	583	736	934
열 성	89	237	280	365	466	521	588
X연쇄	39	68	68	86	93	107	115
합 계	413	574	692	866	1,142	1,364	1,637

표 13-2. 클론화된 유전자의 수

	1981년	1983	1985
유전자 및 유전표지 (클론화되어 있지 않은 것을 포함)	319	620	831
클론화된 DNA 단편	35	215	559
합 계	354	835	1,390

그러나 일반적으로 사람의 유전자는 5만~10만이 있다고 생각되고 있으며, 그 수로부터 보면 동정된 유전자는 아직 극히 적으며 10%에도 차지 못한다.

한편 최근까지 클론화된 사람의 유전자는 249종으로, 그 중에서 다형성(多型性)*을 가리키는 것이 245종이다.

13. 유전병의 치료를 둘러싸고 *169*

합계하면 프로브*로서 현재 이용 가능한 것은 808종, 그 중 다형성을 나타내는 것이 333종이라고 한다(13-2). 이미 말했듯이 유전자병은 3,000종류가 있는 것으로 생각되고, 이용 가능한 프로브가 얼마나 적은가를 알 수 있다.

사람의 유전자는 5만~10만이 있다고 하는데, 어느 유전자에 대해서도 변이나 결실(缺失)이 있으면 당연히 정상기능에 장애가 생기기 때문에 그것은 하나의 유전자병이 된다.

즉 이론적으로는 5~10만종의 유전자병이 있을 수 있는 것으로 생각된다. 유전자병의 발현 메커니즘으로서는 유전자의 변이, 결실 등에 의한 유전자 산물의 결손, 과잉생산 등 여러 가지 가능성을 생각할 수 있는데, 그들의 가능성에 대응할 만한 유전자병이 현재까지 각각 동정되어 있고 이것들은 유전자치료의 대상이 된다.

그 중에서 현재까지 알려져 있는 효소 또는 호르몬의 결손증은 198종이 있고 이것들은 모두 열성유전자이다. 즉 현시점에서도 약 200종의 유전자병이 유전자치료의 대상이 되는 셈이다.

또 이들 유전자병 중에서 현재 태생기(胎生期)에 진단 가능한 것이 약 50종이 있다. 따라서 조기에 진단하여 조기의 유전자치료 또는 다른 치료법의 대상이 되는 것이 50종류나 있다는 것이 된다.

유전자병은 종류가 많으나, 각각의 빈도는 어떤가 하면, 21-하이드록시라아제결손증(171쪽 참조)과 같이 에스키모에서 수백 명의 출생에 한 사람, 또는 백인에서 6,000명이나 7,000명의 출생에 한 사람이라고 하는 비교적 빈도가 높은 것도 있으나, 대체적으로 열성유전자병의 빈도는 수만 명의 출생에 한 사람이라고 생각하면 된다.

이와 같이 하나하나의 유전자병은 그 빈도가 보통의 질병에 비교하면 두드러지게 낮지만, 만일 유전자치료에 공통 전략이 명확히 되고, 각각의 유전자병에 관여하는 유전자 DNA가 클론화된다면 무거운 질

병에 고민하는 수많은 사람들을 구제할 수 있으므로 큰 의미가 있다.

4. 유전자병에 대한 재래의 치료법

여기서 지금까지 유전자병에 대해서 어떠한 치료법이 행해져 왔는가, 그 효과는 어떠한가, 문제점은 무엇인가를 간단히 정리해 보도록 한다.

(1) 약물요법

[예] 레슈 - 나이한증후군(Lesch-Nyhan Syndrome : 小兒高尿酸血症)

이 질병은 하이포크산틴 구아닌 포스포리보실트랜스페라아제(hypoxanthine guanine phosphoribosyltransferase)라고 하는 효소의 결손에 의해서, 혈중 요산이 이상하게 높고, 중도(重度)의 정신장애를 수반하며 자신의 손가락, 입술 등을 물어 자르는 자해 경향이 있다. 이것에 대해서는 요산의 배설을 촉진하고 신장장애를 억제할 목적으로 알로푸리놀(allopurinol)이라는 약제가 사용되고 있는데, 근원적인 치료로부터는 가장 동떨어진 치료법이다.

(2) 식이요법

[예] 페닐케톤뇨증

아미노산의 일종인 페닐알라닌의 분해효소가 결손되어 있기 때문에 페닐케톤이 축적되어 지능장애를 일으킨다. 치료법으로서 신생아에게 저페닐알라닌 밀크를 투여하는 방법이 취해지고 있다. 이것은 발증 방지라고 하는 점에서는 확실히 치료효과가 얻어지고 있다.

그러나 여자의 경우 발증을 방지할 수 있더라도 성인이 된 후에는 보통식사를 취하는 데서부터 페닐케톤이 많다고 하는 상태는 바뀌어

지지 않기 때문에, 임신한 경우 그 페닐케톤이 태아에게 장애를 끼칠 위험이 있다는 문제가 남는다.

(3) 부적합한 물질을 제거하는 방법

[예] 윌슨병

구리의 대사에 관여하는 단백질의 이상증으로, 구리의 축적에 의해서 간장장애를 일으킨다. 구리의 배설을 촉진하기 위해 D-페니실라민 투여가 행해지고 있다. (1)에 가까운 치료법이다.

(4) 유전자산물(효소)의 반응에 의해서 합성되어야 할 대사산물을 투여하는 방법

[예] 21-하이드록시라제 결손증. 최종적으로는 정상적인 스테로이드 호르몬을 만들지 못하기 때문에 스테로이드 호르몬을 투여한다.

[예] 하수체성 소인증

성장호르몬을 투여한다.

[예] 혈우병(헤모필리아 A)

혈액응고에 관여하는 제Ⅷ인자를 투여한다.

(5) 직접적인 유전자산물의 투여

각종 효소결손증에 대해서 결손되어 있는 효소를 투여하는 이른바 '효소요법'이 행해졌으나, 투여한 효소가 체내에서 분해되어 뜻하는 바와 같은 효과가 얻어지지 않고 있다.

(6) 장기 또는 조직·세포의 이식

[예] 탈라세미아(thalassemia ; 중증의 선천성 용혈성 빈혈)

HLA가 일치하는 다른 사람의 골수 이식. 성공한 예가 세계에서 단 하나 있는데, 다른 사람의 골수이식에 수반하는 '이식편 대숙주반응(移植片 對宿主反應)'이라고 하는 치사적인 큰 부작용의 문제가

있다.

요컨대 이상의 어느 치료법을 취하더라도 현상에서는 유전자병의 치료법으로서는 충분한 것이 못된다. 물론 이들 방법도 앞으로의 개량에 의해서 보다 효과가 높아질 것으로 생각된다.

한편, 최근에 유전자공학의 지식과 테크닉이 급속히 진보하여, 이것에 수반해서 유전자병을 DNA* 수준에서 치료하려는 유전자(DNA) 치료의 생각이 나오게 된 것은 당연한 추세이다.

5. 당면한 체세포 유전자치료

유전자치료에는 크게 나누어서 두 가지 방법이 있다.

하나는 생식세포를 조작하는 유전자치료로서, 정자 또는 난자의 유전자에 손을 대거나, 수정란 또는 이른 시기의 분할란에 정상인 유전자 DNA를 주입함으로써 치료를 하는 것이다.

또 하나는 생식세포에는 전혀 손을 대지 않고 체세포에만 손을 대는 체세포 유전자치료이다.

양자의 결정적인 차이는, 전자에서는 손을 댄 유전자가 자손 대대로 전해가는 데 대해서 후자에서는 그 개체 1대에 한정되는 점이다.

먼 장래를 생각한다면 생식세포를 대상으로 한 유전자치료는 당연히 과제가 될 것이고 또 그렇게 되지 않으면 근원적인 해결로는 되지 않을 것이라고 생각하지만, 기술에도 많은 미해결 문제가 있고, 인류 집단에 대한 영향이라고 하는 것도 신중히 고려하지 않으면 안되기 때문에, 당장은 체세포 유전자치료가 구체적인 연구대상이 된다.

체세포 유전자치료의 경우, 유전자 DNA를 도입하는 세포(recipient cell : 수용체 세포)로서는 현재 골수세포가 가장 성공 가능성이 높다.

13. 유전병의 치료를 둘러싸고 *173*

골수세포를 레시피엔트 세포로 하여 정확하게 유전자치료를 하는 데는, 먼저 첫째로 목적하는 유전자 DNA를 클로닝하는 일이 필요하다.

다음에는 그 유전자 DNA를 세포로 효율적으로 이입하는 것이 필요한데, 가능하다면 염색체가 본래 있어야 할 자리에 그 유전자 DNA를 넣는 것이 바람직하다. 그리고 이입된 DNA는 그 발현이 정확하게 제어되지 않으면 안된다고 하는 문제가 있다.

또 현재는 우성 유전자병은 그 이상유전자의 발현을 억제하고, 정상유전자와 치환하건 간에, 여러 가지 기술적 이유로부터 치료대상으로부터 제외되고 열성 유전자병이 현실적인 치료대상으로 된다.

6. 골수간세포에의 DNA 도입

레시피엔트 세포로서 골수세포가 적당하다고 생각되는 이유로서는
(1) 골수 천자(穿刺)에 의해서 쉽게 체외로 끄집어낼 수 있다.
(2) 시험관 내에서 자유로이 조작할 수 있다.
(3) 조작한 세포를 환자 본인에게 되돌리는 것은 기술적으로도 특별한 문제가 없다.
(4) 골수세포의 분화과정이 시험관 내에서나 생체 내에서도 정확하게 모니터되고 취급상 편리하다.
(5) 가장 중요한 점인데, 무거운 유전자병에는 골수세포의 유전자 결손에 유래하는 것이 많이 있다.
등을 들 수 있다.

골수간세포(骨髓幹細胞)는 전구세포(前驅細胞)로 분화 증식한 후 다시 적혈구, 과립구, 단구(單球) 마크로파지*, 혈소판, 비만세포, 림프구 등의 각 계열로 분화하는데 각각의 계에서의 효소결손증 등

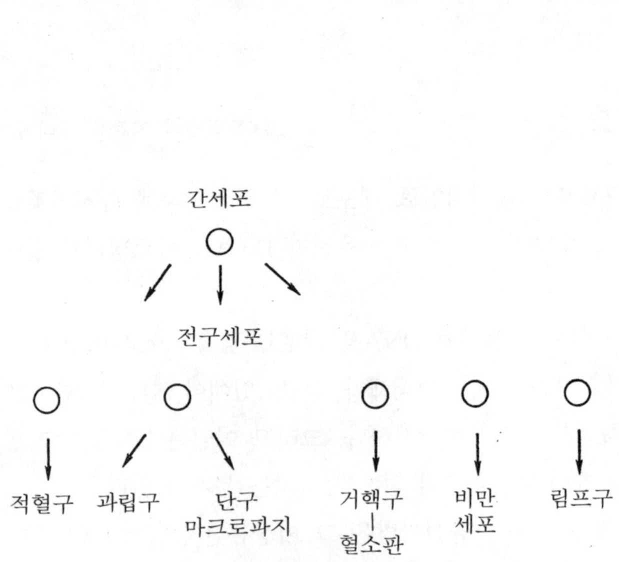

간세포

전구세포

적혈구　과립구　단구　　거핵구　비만　림프구
　　　　　마크로파지　│　세포
　　　　　　　　　　　혈소판

그림 13 - 3　골수간세포의 분화

의 유전자병이 많이 알려져 있고, 따라서 간세포만을 레시피엔토 세포라고 생각하더라도 현재 수십 종의 유전자병을 치료할 수 있는 가능성이 있다(그림 13 - 3).

그러나 골수세포에는 부적합한 점도 있다. 그것은 간세포는 매우 수가 적어서, 골수세포 10만 개에 대해서 10～30개밖에 없다는 점에서 이 소수의 간세포에 어떻게 효율적으로 목적하는 DNA를 이입하느냐가 큰 문제로 된다.

유전자 DNA를 간세포로 도입하는 방법으로는 마이크로인젝션법(64쪽 참조), 칼슘인산법, 전기충격법 등이 종전에 시도되어 왔으나, 이들 방법은 배양세포를 사용한 시험관 내에서의 도입에는 사용할 수 있으나 실제의 치료를 생각한 경우에는 효율이 매우 나빠서 이용할 수가 없다.

캘리포니아대학의 마틴 클라인이 1980년에 탈라세미아(171쪽 참조)환자의 골수세포에 헤모글로빈의 유전자를 도입하는 치료를 시도했지만, 그는 칼슘인산법을 사용하고 효율이 나쁜 것을 무시하고 유전자 발현에 대해서도 충분한 정보가 없는 채로 갑자기 치료로 치달

은 바람에 심한 비판을 받았다. 결국 현재로서는 리콤비넨트-레트로바이러스(인공적으로 재조합한 레트로바이러스)를 벡터*로서 사용하는 것이 가장 효율적인 방법이라 여기고 있다.

7. 최근의 연구보고

그래서 레트로바이러스*를 사용한 DNA의 도입에 관해서 최근 1년 사이의 연구보고를 개관하기로 한다.

뒷크 등의 그룹 및 케라 등의 그룹은 마우스의 골수세포에 유전자를 도입하는 실험을 했는데, 도입 후 4개월이 지난 시점에서도 간세포*에 유래하는 분화세포에 목적하는 유전자 DNA가 존재한다는 것을 확인하고 있다.

또 엥그리스 등의 그룹 및 그라비 등의 그룹은 사람의 골수세포에 네오마이신 저항성 유전자(G418), 하이포크산틴·구아닌·포스포리보실트랜스페라아제(HPRT, 170쪽 참조) 유전자, 아데노신데아미나아제(ADA, 아데노신을 이노신에 가수분해하는 효소) 유전자 등을 도입하는 실험을 하여, 이들 유전자는 분화한 세포에 충분한 양이 존재한다는 것을 인정하고 있다.

요컨대 현재는 리콤비넨트 레트로바이러스를 벡터로 하여 사용하는 한, 유전자(DNA)의 골수간세포로의 도입에 관해서는 문제가 없다는 데까지 진보해 있다.

문제는 도입된 유전자(DNA)의 발현과 그 제어이다.

시험관 내에서의 배양세포계에서는 DNA의 도입도 발현도 충분히 잘 되지만, 생체 내에서의 발현은 현재로서는 유효한 치료를 기대할 수 있을 만큼 만족한 결과는 얻어지지 않고 있다.

이를테면 사람의 HPRT를 마우스의 골수간세포에 넣어, 마우스의

체내로 되돌려서 조사한 미라 등의 실험 예에서는 모든 마우스에서 HPRT 유전자(DNA)의 도입은 인정되지만, 그것을 m RNA*의 수준에서 조사해 보면 몇 마리의 마우스에서밖에 m RNA가 검출되지 않았다고 한다.

이밖에 G418, ADA 등을 사용한 실험에서도 도입은 모두 잘 되었으나 기대했던 만큼의 발현은 볼 수 없었다는 보고가 제출되어 있다.

요컨대 유전자의 도입에 관해서는 전혀 문제가 없으나, 생체 내에서의 발현에 관해서는 아직 문제가 남아 있고, 골수간세포가 정말로 목적에 합치한 레시피엔트 세포이냐는 검토까지 포함하여, 벡터로서의 레트로바이러스를 인한서(enhancer ; DNA의 발현을 증강하는 부위)나 프로모터*의 면으로부터 개량하는 일, 레시피엔트 세포로서는 어느 분화단계의 세포가 적당한가 하는 검토가 필요하게 될 것으로 생각된다.

이들 문제가 해결되지 않고서는 진정으로 효과적인 유전자치료는 기대할 수 없으며, 또 한편으로 아데노신데아미나제(ADA) 결손증으로 유년기에 사망하는 환자를 현실로 눈앞에 대할 때 기초연구의 더 한층의 진전이 절실해진다.

14. 발생공학의 현상과 장래

단 하나의 세포—수정란—에서부터 출발하여, 복잡한 구조를 갖는 어버이로 되는 과정을 연구하는 학문을 '발생생물학(發生生物學)'이라고 한다. 발생생물학은 주로 성게, 개구리 등을 주된 재료로 하여 왔으나, 최근에 기본적인 실험기술의 개발에 수반하여 포유류의 발생생물학이 폭발적으로 진전되어 왔다.

발생공학(發生工學)은 이 개발된 기술을 사용하여 인간에게 쓸모있는 '새로운 생물'을 만들어내는 데 주안점을 두고 있다고 할 수 있을 것이다. 여기서는 발생공학이란 무엇이며, 앞으로는 어떻게 될 것인가를 소개할까 한다.

Yoshihiro KATO(加藤淑裕)

일본 미쓰비시화성(三菱化成) 생명과학연구소 특별고문. 재단법인 발생·생식생물학연구소 명예소장. Ph. D. 〔경력〕 1948년 도쿄대학 이학부 동물학과 졸업, 1972년 미쓰비시화성 생명과학연구소 발생생물학연구부장, 동 연구소 소장을 거쳐 1986년부터 현직에 이름. 〔전공〕 발생생물학. 〔주요 저서〕『포유동물의 초기발생』외

유전공학이나 세포공학에 대해서 주로 포유동물의 배(胚)의 실험적 조작을 '발생공학'이라고 부르고 있는데, 이것은 일본의 독특한 용어인 것처럼 생각된다.

14장에서는 발생공학이 현재 어떤 상태에 있고, 어떠한 어프로치를 취하고 있으며, 앞으로의 전망은 어떠한지에 대해서 언급하겠다.

1. 초기 배의 발육과정

먼저 포유동물란의 수정에서부터 착상까지의 과정을 간단히 살펴보자.

난소로부터 배란된 알은 난관방대부에서 수정한다. 수정란은 분열하여 세포의 수를 늘리면서 난관을 내려와 자궁에 도달하고, 여기서 비세포성 막인 투명대(透明帶)를 벗어던지고 착상한다. 그리고 마우스의 경우에는 착상 후 20일에 새끼 마우스가 태어난다(그림 14-1).

알 바깥 쪽에는 앞에서 말한 투명대가 있고, 다시 그 바깥 쪽에는 난구세포(卵丘細胞)가 있다.

수정이 일어나는 데는 정자가 난구세포 사이를 통과하여 투명대를 돌파하여 알 속으로 끼어들 필요가 있다.

투명대는 당단백질로써 이루어져 있는데 종특이성(種特異性)이 있어서, 이를테면 인간의 정자를 골덴 햄스타의 알에 뿌려줘도 투명대를 돌파하여 알로 끼어드는 일은 절대로 없다. 다만 투명대를 인위적으로 제거하여 알을 노출상태로 해 주면, 인간의 정자라도 속으로 들어갈 수가 있다.

정자가 알로 침입하면 수컷과 암컷의 전핵(前核)이 나타나는데 이 시기는 발생공학에 있어서 중요한 시기로서 이종 DNA의 주입, 전핵의 제거, 핵 이식 등의 조작이 이루어진다(그림 14-2).

14. 발생공학의 현상과 장래 *179*

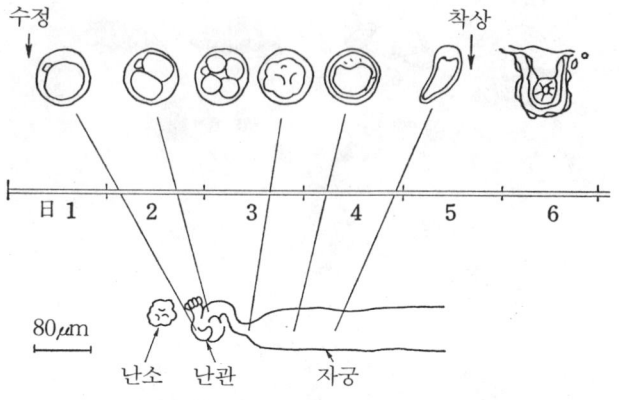

그림 14-1. 수정에서부터 착상까지(K. Bürki에 의함)

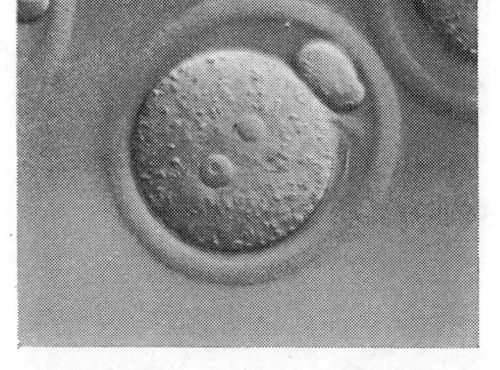

그림 14-2. 수정란에 나타난 전핵(前核)

자웅의 전핵이 각각 염색체를 형성하고 분열을 시작하여 2세포기, 4세포기, 8세포기로 진행해 간다.

지금까지의 발생학적 지식에 의하면, 8세포기가 되기까지의 초기 배는 세포를 분해하더라도 각각의 세포로부터 개체가 생긴다는 것이 알려져 있다.

8세포기의 배는 키메라동물*의 작출(作出)에 사용되는데, 이 이

그림 14 - 3. 8세포기의 배로부터 키메라 마우스를 만드는 방법
(K. Bürki에 의함)

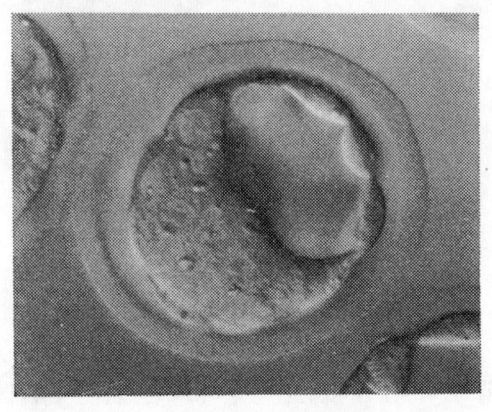

그림 14 - 4. 배반포

후 8세포인 그대로 세포분열을 하지 않고서 세포의 표면이 매끈매끈한 상태로 된다. 이러한 '컴팩션(compaction)'이라고 불리는 상태가 되는 것이 다음 단계로 진행하기 위한 필요한 조건이다(그림 14 - 3). 발생이 더 진행되면 16세포기를 거쳐서 배반포(胚盤胞)로 된다.

배반포는 발생상 매우 중요한 시기에 해당하며 '배반포강'(胚盤胞腔)이라고 하는 속이 빈(中空) 것이 생기고, 그때까지는 같은 성질의 세포이었던 것이 바깥쪽의 '영양외배엽(營養外胚葉)'이라고 불리는 장래에 태반(胎盤)으로 되는 부분과, '내부세포괴(內部細胞塊)'라고 하는 장래의 배가 되는 부분의 둘로 갈라진다(그림 14-4).

2. 발생공학의 특징

다음에는 배의 실험적 조작 —— 발생공학의 특징에 대해서 생각해 보자.

첫번째는, 배를 조작하는 것은 개체를 조작하는 것에 해당하는 일이며 이것은 발생공학의 가장 중요한 것이다.

두번째는, 생물 제품의 작성, 즉 부가가치가 높은 제품을 만들어 내는 것을 목적으로 하고 있는 점이다.

사용되는 방법 자체는 발생생물학 방법의 연장선 위에 있지만, 부가가치가 높은 동물을 얻기 위해서 배에 어떠한 조작을 하여, 그 도중은 어떻게 되든지간에 최종산물이 목적에 부합하는 것이라면 된다고 하는 사고방식이 짙은 것은 부정할 수 없다.

세번째는, 포유동물배의 조작은 직접적·간접적으로 인간을 의식하지 않을 수 없다고 하는 점이며, 이것을 추궁하면 윤리문제에 부닥친다.

다음에는 발생공학의 테크닉 또는 어프로치에 대해서 살펴보자.

포유동물의 발생을 실험적으로 조작할 수 있게 된 것은 그다지 오래된 일이 아니다. 성게나 개구리와 같이 어미의 체외에서 수정하고 그대로 발생이 진행되는 것과는 달리, 어미의 체내에 있는 난관, 자궁에서의 수정-발생이 진행되는 것으로서 성게나 개구리와는 근본

적으로 다르며, 발생공학의 테크닉에는 다음과 같은 몇 가지 특징이
있다.

1. 난자를 체외로 추출하여 배양하는 것
2. 배반포 또는 더 이른 시기의 배를 길러주는 어미의 자궁 또는
   난관으로 되돌려주어서 자식을 얻는 것
3. 체외수정, 냉동보존, 과잉배란 등의 조작을 하는 것

이들의 기술상의 문제가 하나씩 해결되고 발생공학의 기본적인 방
법이 완성되어 온 셈인데 아직도 남겨진 문제가 있다. 이를테면 냉동
보존의 기술이 아직 완전하다고는 말할 수 없고 또 체외수정이나 배
양도 동물의 종류에 따라서는 아직 성공하지 못한 것이 있다.

3. 조작의 여러 가지

그렇다면 발생공학에서는 구체적으로 어떤 조작이 이루어지는가?

우선 첫째로 암컷의 전핵과 수컷의 전핵이 만들어지는 시기에 이
루어지는 조작으로서는 다음과 같은 것이 있다.

(1) 배에 피펫을 넣어 수컷의 전핵을 제거하고, 암컷의 전핵만으
로 한다. 이 배는 수정이 완료되어 있으므로 암컷의 전핵만이 되어도
발생능력은 갖고 있다.

이것은 반수체이므로, 시토칼라신 B 등을 작용시켜 핵의 분열만을
일으켜서 2배체로 해 주면, 유전적으로 완전호모형(쌍이 되는 대립
유전자가 같은 형)의 배가 된다.

이것을 길러주는 어미에게 이식하여 자식이 생기면, 모친에게서
유래하는 유전정보만을 가진 완전모호성 동물이 얻어진다.

이것은 매우 큰 이용가치가 있으며, 이를테면 순수한 계열의 동물
을 만드는 데에 보통의 교잡법으로는 약 20대가 걸리는데, 이 방법

14. 발생공학의 현상과 장래 *183*

이라면 단번에 가능하다는 이점이 있다. 또 완전호모형 동물은 열성 유전병의 연구에도 크게 도움이 된다.

(2) 자웅의 전핵을 제거하여 핵이 없는 상태로 하여 이것에 외부로부터 다른 핵을 삽입해 준다. 이것이 이른바 '핵이식'으로, 동물에서 개체클론*을 얻는 유일한 방법이다.

(3) 수컷의 전핵 속에 클론화한 DNA를 넣어주고 외래 유전자 DNA를 가진 개체(트랜스제닉스 동물)을 만든다. 이것의 큰 성공예는 1982년에 팔미트 등이 한 슈퍼마우스의 작출이다(그림 14-5).

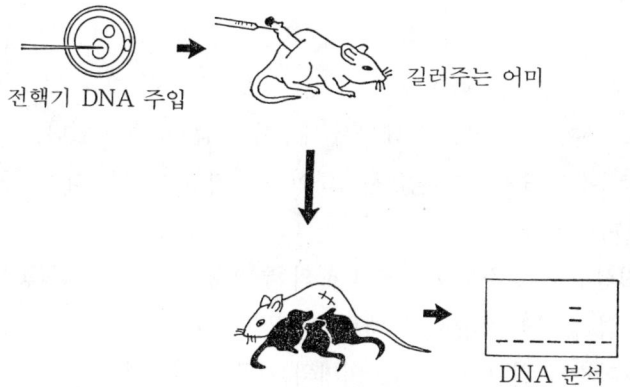

전핵기 DNA 주입   길러주는 어미

DNA 분석

그림 14-5. 슈퍼 마우스를 만드는 방법(K. Bürki에 의함)

트랜스제닉스마우스의 작출은 이제까지 약 50가지의 예가 보고되어 있고, 슈퍼마우스와 비슷한 성공사례로서는 유전적으로 몸이 작아지는 마우스의 배에 성장호르몬 유전자를 넣어서 보통 크기의 마우스를 만들었다는 보고가 있다. 이것은 장래의 유전자치료의 한 경향을 가리키는 것으로서 주목된다.

이밖에 암유전자에 적당한 프로모터*를 붙여서 배에다 넣어주어 발암과정을 관찰하는 실험도 하고 있다.

4. 키메라 동물의 작성

다음에는 기형종(teratocarcinoma)과 정상배 사이에 키메라를 만드는 방법에 따라서 살펴보자. 이것은 미국의 미츠가 시작한 것으로 이 방법에서 만들어진 키메라 동물은 여러 가지 해석에 이용되고 있다.

기형종에는

① 종양이다.

② 마우스를 넣어주면 여러 가지 것으로 분화하기 때문에 발생계의 모델로서 효과적이다.

③ 분화하여 있지 않은 상태에서 배양계로 옮길 수가 있다.

고 하는 특징이 있다. 이것을 사용하여 키메라를 만드는 데는 다음의 두 가지 방법이 있다.

(1) **집합법** = 효소로 8세포기 배의 투명대를 녹여서 기형종을 샌드위치처럼 2개의 8세포기 배로 끼어넣어 주고, 배양을 계속하여 배반포로까지 키워서 길러주는 어미의 자궁에 이식하여 새끼를 얻는다.

(2) **주입법** = 배반포의 배반포강에 기형종을 넣어주면, 내부세포괴와 기형종이 혼합하여 키메라가 얻어진다(그림 14-6).

이리하여 만들어진 키메라 동물은 어떤 데에 도움이 되느냐 하면 첫번째는 인간을 포함하여 포유류의 발생 메커니즘을 조사하는 모델로서 유효하다.

두번째는 종양세포를 발생과정에 넣어주면, 암이 아닌 것으로 되는 것이 알려져 있으므로, 이것을 이용하여 탈암의 모델계열로서 사용된다.

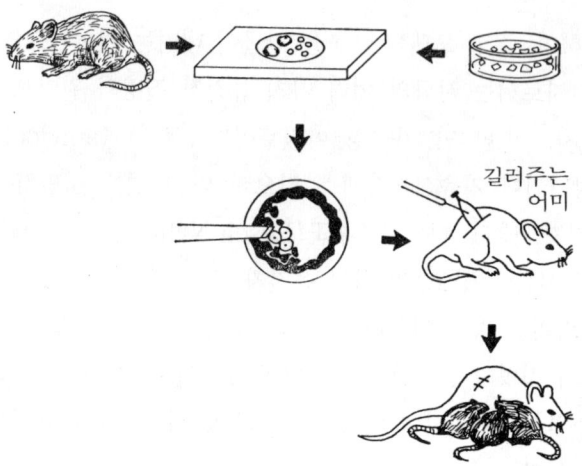

그림 14-6. 주입법에 의한 키메라 마우스를 만드는 방법(K. Bürki에 의함)

그리고 세번째는 유전병의 해명에 도움을 주는 실험계열이 될 수 있는 것으로 생각되고 있다.

또 여러 가지 유전자의 발현을 관찰하기 위하여 기형종의 세포를 사용하거나 또는 기형종을 통해서의 키메라 형성이 하나의 효과적인 방법이라고 보여지고 있다.

그 하나의 예로서 일본 교토(京都)대학의 곤도(近藤) 박사와 우리 그룹에서는 닭이나 파충류가 갖고 있는 수정체의 델타 크리스탈린(crystallin은 수정체의 주요성분인 구조단백질을 통틀어 일컫는 말)의 유전자 발현에 대해서 조사하고 있다.

5. 진정한 질병 모델 마우스를

기형종을 사용하여 사람의 질병 모델 마우스를 만드는 시도가 이루어지고 있다. 이것은 기형종 세포를 배양하여, 그것에 외래 유전자를 넣어서 정상배와의 사이에 키메라를 만들고, 그 유전자를 생식세

포에 도입하여, 질병 모델의 계통을 만들어 내려는 것이다.

외래유전자로서는 사람의 여러 가지 유전적 질병의 원인으로 보여
지는 유전자, 이를테면 가족성 아밀로이드뉴로파티(amyloidneuro-
pathy ; 장년기에 자율신경장애를 일으켜 약 10년에 사망하는 유전
병)의 유전자, 레슈-나이한증후군(Lesch-Nyhan syndrome ; 소아
고뇨산혈증, 170쪽 참조)의 원인 유전자 등을 생각하고 있다.

현재 사람의 질병 모델 마우스는 약 400종류가 있는데, 이들은 우
연히 사람의 질병과 증상이 비슷하다는 것일 뿐, 정말로 사람과 같은
유전적 메커니즘에 의하여 발증하고 있는지 어떤지에 대해서는 아무
런 보증도 없다.

마우스에서는 근(筋)디스트로피의 연구가 활발하게 이루어졌으나,
결과적으로는 사람의 근디스트로피와는 전혀 관계가 없었다는 것이
그 좋은 보기이다.

따라서 사람의 유전병의 원인으로 되어 있는 유전자를 마우스에
넣어서 적극적으로 질병 모델 마우스를 만드는 것은 유전병의 진단
이나 치료법을 연구하는 데에 큰 의미가 있다.

6. 착상기 이후의 배조작

현재까지는 발생공학의 대상은 수정에서부터 착상까지 즉 배반포
기까지의 배가 주된 것이었다.

그러나 최근에는 착상시기를 지나더라도 페트리접시 속에서 발생
을 진행시키는 것이 가능해졌다.

또 최근에 보고된 예이지만, 일단 착상해버린 배를 체외로 들어내
어 하루쯤 배양하여, 여러 가지 조작을 가하여 다시 자궁으로 되돌리
고, 3% 정도의 확률로 상당한 데까지 발생을 진행할 수 있게 되었

다. 따라서 앞으로는 착상기 이후의 배의 실험적 조작이 중요해질 것
으로 생각된다.

15. 뇌와 행동

사람을 포함한 동물에서 볼 수 있는 본능행동은 동물진화의 산물이다. 본능행동은 동물의 종에 대한 특유한 자극(건자극)에 의하여 해발(解發)되는 정형적 행동이며 선천적인 것이다. 따라서 본능행동의 연구는 유전발생학(遺傳發生學)의 연구이기도 하다.

뇌와 행동(neuroethology)의 연구는 비교행동학(ethology)에 의하여 밝혀진 본능행동의 발현 메커니즘을 뇌신경(neuron)의 수준에서 유전발생적인 면을 중시하여 신경과학적으로 밝히려는 것이다.

이 새로운 연구분야가 어떤 목표를 가지며, 현재 어디까지 진전되고 있는가를 첨단적인 연구성과를 섞어 가면서 소개한다.

kiyoshi AOKI(青木清)

조치(上智)대학 생명과학연구소 소장, 이학박사. [경력] 1966년 홋카이도대학 이학연구과 생물학 전공 수료, 군바(群馬)대학 의학부, 규슈대학 이학부 조수를 거쳐 1975년부터 조치대학 이공학부 조교수, 1978년 이공학부 교수, 1980년부터 현직에 이름. [전공] 행동생리학, 신경생리학. [주요 저서] 『생물행동의 수수께끼』, 『뇌와 행동』

뇌와 행동(neuroethology)이라는 말로서 표현되는 연구분야가 어떤 목표를 가졌으며 현재 어디까지 진전되어 있는가, 또 우리 연구자의 기본적인 사고방식과 첨단의 연구성과를 더불어 개관하기로 한다.

1. 사람의 정신활동 해명이 최종목표

'뇌와 행동'이라고 하는 연구분야는 사람의 기억이라든가 행동 및 정신활동에 관한 하나의 해석방법으로서 파악할 수 있을 것이다. 근대생물학의 커다란 테마의 하나는 사람의 사고와 창조활동의 해명에 있다는 것을 생각하면, 이 연구분야는 매우 중요한 역할을 걸머지고 있다고 하겠다.

근대생물학의 출발점은 찰스 다윈의 『종의 기원』(1859년)이었다고 나는 이해하고 있는데, 생물학을 크게 전진시키는 방아쇠가 된 것은 뭐니뭐니 해도 왓슨과 클릭에 의한 'DNA 이중나선 모델'의 제창(1953년)이었다.

이것에 의하여 생명을 물질 수준에서 파악하는 것이 가능하게 되었고, 물리ㆍ화학의 말로써 생명을 말할 수 있게 되었다. 이것이 우리의 '뇌와 행동'이라고 하는 분야에 커다란 영향을 끼치고 있다.

우리의 연구분야는 사람의 사고와 창조활동의 이해라고 하는 것을 최종목표로 삼고 있는데, 분자생물학적 기반이 확립됨으로써 이를테면 지렁이나 거머리, 또는 쥐를 연구재료로 하여 얻어진 중추신경계에 관한 성과를 사람 뇌의 현상에까지 부연하여 생각할 수 있게 되었다. 이것은 분자생물학의 성과가 우리 행동연구자에게 무척 큰 힘이 되고 있다는 것을 가리키고 있다.

2. 비교행동학

행동의 연구는 종래 자연과학적으로는 그다지 인정되지 않고 있었으나 '비교행동학'이라고 하는 학문분야를 창설한 오스트리아의 로렌츠(K. Z. Lorenz), 네덜란드의 틴버겐(N. Tinbergen), 오스트리아의 프리쉬(K. von Frisch)의 세 사람이 1973년 노벨 의학 생리학상을 수상함으로써 동물행동학(動物行動學)이라는 학문이 자연과학적인 연구분야로서 인정되었다고 말해도 될 것으로 생각한다.

로렌츠는 본능행동과 학습행동(learning) 사이에 '각인'(刻印, imprinting)이라고 하는 현상이 있다는 것을 밝혔다.

그것은 생후의 특정시기에 건자극〔鍵刺戟 : 동물의 선천적 행동을 해발(解發)하는 특정한 의미를 갖는 자극〕에 의하여 습득하는 것으로서 일생의 한정된 시기에만 학습되는 것으로서, 두번 다시 고칠 수 없는 것임을 오리를 재료로 하여 증명했다. 이와 같은 각인 현상은 모든 동물에게 존재하고 있다는 것을 그는 시사했던 것이다.

또 로렌츠의 협동연구자인 틴버겐은 선천적인 본능행동에는 선천적인 해발 메커니즘이 존재하여, 모든 동물이 그 종을 유지하기 위하여 취하는 행동은 특정의 의미가 있는 자극(건자극)에 대한 반응으로서, 중추에서 계층적으로 해발된다는 것을 밝혔다.

한편 신경생리학의 연구로부터 출발한 뇌의 연구가 1960년대 후반서부터 활발해졌는데, 거기에는 신경의 흥분현상이나 억제현상을 분자 수준에서 밝히는 것이 가능하게 되었다는 것이 크게 기여하고 있다.

이 분야의 대표적인 업적으로서는 스페리, 휴벨과 비젤 등의 시각계(視覺系)에 관한 뇌의 연구가 있다. 이러한 연구분야와 로렌츠, 틴버겐 등의 연구방법이 일체화하여 뇌 연구의 커다란 흐름으로 되

어 있다고 하는 것이 최근의 '뇌와 행동'의 연구 정세이다.

즉 동물의 행동은 지금까지 '블랙박스'로서 다루어지고 있던 뇌에 발현의 장(場)이 있다고 생각하고, 동물에 존재하는 의미있는 행동(본능행동)을 지표로 하여 뇌 속의 메커니즘을 밝혀 나간다고 하는 방법론을 취함으로써 '뇌와 행동'의 연구를 추진해 가는 것이 가능하게 된 것이다.

그리고 이것은 본능행동이며, 발달 도중에 발현함으로써 유전학과 더불어 발생학과도 깊은 관련성을 갖고 있다고 할 수 있다.

동물행동연구의 목표인 사람의 뇌에 대하여 생각할 경우 사람과 다른 동물의 뇌가 어디까지 연속이며 어디서부터 비연속인지가 큰 문제가 된다. 또는 물리적인 세계와 생물의 세계는 어디까지가 연속되어 있고 어디가 다르냐고 하는 문제도 나오게 된다.

그 한 예로서 인간과 꿀벌의 색채감각에 대해서 생각해 보기로 한다(그림 15-1).

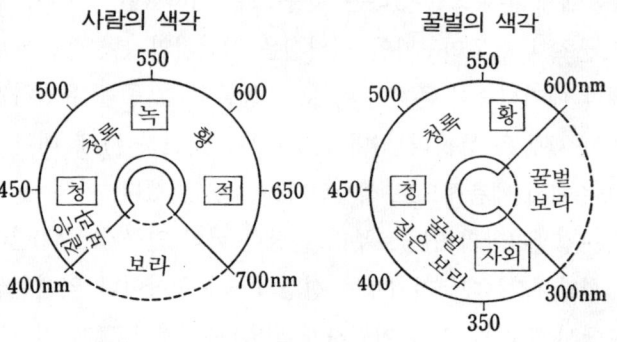

(1nm=10⁻⁹m)

그림 15-1. 사람과 꿀벌의 색채환(色彩環). 사람은 적색이 보이지만, 꿀벌은 보이지 않는다. 그러나 꿀벌은 자외선이 보이고, 사람에게는 보이지 않는다. 보색(補色)은 반대쪽의 위치.

물리적인 세계에서는 빨강과 보라는 스펙트럼으로 멀리 떨어져 있지만, 인간의 색채감각으로는 빨강과 보라는 바로 이웃해 있으며 색환(色環)을 만들고 있다. 즉 빨강과 보라는 생리학적으로는 연속인 것으로 보이는 것이다.

이런 현상은 인간과 관계가 먼 무척추동물인 꿀벌에서도 볼 수 있다. 다만 꿀벌에서는 자외선이 보이지만 그 대신 빨강이 보이지 않는 것처럼 인간과는 색채감각에서 다소 틀리지만, 스펙트럼적으로는 멀리 있는 노랑과 꿀벌의 보라가 서로 이웃해 보이며 그것은 사람과 마찬가지의 색환을 형성하고 있다.

이것은 생물의 세계에서는 인간도 꿀벌도 그다지 크게 다르지 않다는 것을 가리키고 있다. 그와 동시에 물리적 세계와 생물의 세계에는 불연속성이 있다는 것도 보여주는 좋은 예가 된다.

3. 인간과 유인원의 연속성

그런데 사람과 동물과의 관계에 대해서인데, 사람은 사회를 구성하고 언어를 사용하며 연장(도구)을 사용한다는 점에서 다른 동물과는 크게 다르다고 자연인류학(自然人類學)이나 동물행동학의 입장에서 말하고 있는데, 과연 그러할까? 이것은 큰 테마이다. 이것은 또 마음은 인간만의 것이라고 하는 문제와도 연결된다.

예로서 고릴라에 대하여 생각해 보자. 고릴라는 하나의 무리사회를 형성하고 보스를 중심으로 한 무리사회를 구성한다는 것이 알려져 있다. 보스가 된 수컷 고릴라는 그 신분의 상징으로서 등에 은색의 띠가 형성되고 위엄을 갖추며 남을 위협하는 듯한 자세를 취하게 된다.

이것은 인간의 보스화 사회와 가까운 모습이라는 것이 사회학의

입장에서 말하고 있으며, 인간의 사회와 고릴라 사회와의 연속성이 엿보인다.

또 하나 침팬지의 예를 들겠다. 침팬지는 근처의 가느다란 나뭇가지라든가 풀 또는 가느다란 대나무를 훑어서 끝을 씹어 부드럽게 만들어 그것을 개미집 속으로 쑤셔넣어 개미를 낚아 올려서 잡아먹는 '낚시행동'을 취한다.

이것은 바로 도구의 사용인데 침팬지의 부친은 이와 같은 도구의 사용법을 자식에게 몸으로써 가르치고, 자식은 그것을 흉내내어 같은 행동을 습득한다.

이것은 학습행동에 해당하는데 이와 같은 침팬지의 행동을 보노라면, 인간만이 연장을 사용하고 문화를 만들어 온 우수한 종이라고는 말할 수 없게 된다. 인간과 침팬지 사이에는 연장의 사용이라고 하는 점에서부터 연속성이 있다고 말하지 않을 수 없다.

인간은 뇌의 대뇌피질이 다른 동물과 비교하여 두드러지게 크다. 이 큰 피질 중에서도 시각영야(視覺領野)에 대하여 보면 인간이 시각동물(視覺動物)이라고 일컬어지듯이 정보의 90%는 시각에 의하여 얻어지고 있는 것과 관계되어 상당히 큰 영역을 차지하고 있다.

뇌의 시각인식 메커니즘에 대해서는 휴벨과 비젤 등에 의하여 고양이, 원숭이를 사용한 흥미로운 실험결과가 있다.

그들에 의하면 생후 어느 시기에 빛의 자극을 눈에 주지 않으면, 그 동물은 그 후 줄곧 물체를 볼 수 없게 되어 버린다고 한다. 즉 생후 어느 시기의 자극이 장래의 시각인식 메커니즘을 결정적으로 좌우하는 것이다.

4. 몰리큘러 에솔로지와 뉴로 에솔로지

여기서 동물행동의 최근 연구의 발전을 살펴보면 '몰리큘러 에솔로지(molecular ethology)'라고도 부를 수 있는 연구분야가 자라나고 있다. 미국 캘로포니아 공과대학의 벤저 등이 시작한 동물의 체내 시계에 관한 연구가 그 하나의 예이다(그림 15-2).

벤저 등은 초파리를 실험재료로 사용하고 있는데, 정상인 개체군은 24시간 주기의 체내 시계를 가지며 그것에 바탕하여 행동한다. 이 주기는 유충기에서도 볼 수 있으며 번데기의 시기를 지나서 성체가 되어도 그대로 유지된다.

이것에 비해 전혀 주기성이 없고 제멋대로의 행동을 취하는 변이 개체를 볼 수 있다. 이와 같은 무(無)주기 개체는 유충기에도 마찬가지이며, 이것으로부터 주기성은 분명히 유전적으로 지배되고 있다

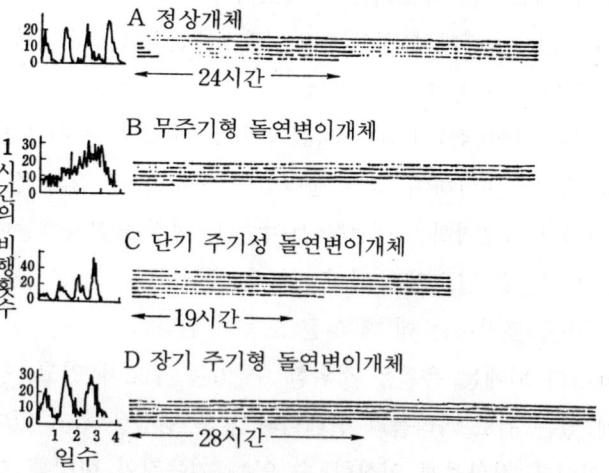

그림 15-2. 초파리의 개일 리듬(槪日 리듬 : 항상적 상태에서 약 1일의 주기로 변동하는 생명현상)

고 말할 수 있다. 또 19시간의 단주기 변이개체, 반대로 24시간보다 긴 28시간이라고 하는 장주기의 뮤탄트(mutant : 돌연변이체)도 발견되고 있다.

이와 같은 정상개체군, 변이개체군을 비교 관찰함으로써 체내 시계에 관여하는 염색체의 위치를 예측하는 일, 또는 분자 수준에서 해석을 진행하는 일이 가능하게 되었다.

벤저 등이 1960년대에 선견지명을 가지고 시작한 몰리큘러 에솔로지는 최근의 재조합 DNA 기술의 진보와 더불어 지금 급속히 진전되고 있으며, 행동을 지표로 하여 뇌의 메커니즘을 분자 수준에서 해석하는 길이 트여지고 있다.

또 최근에는 본능행동과 신경생리학을 결부한 분야의 연구도 활발해지고 있다. 이것은 동물의 행동을 그 동물에게 의미가 있는 것으로서 파악하고, 그것을 일으키는 중추 고차기능을 세포 수준에서 조사해 나가는 것이다.

그것의 대표적인 예로서는 캘리포니아 공과대학의 고니시(小西)가 하고 있는 올빼미의 청각 메커니즘, 음원정위(音源定位)에 대한 연구가 있다.

올빼미는 먹이(쥐)가 내는 바시락거리는 미소한 음원을 발견하고, 그것을 정위(定位)하여 쥐의 움직임을 포착하고, 쥐의 장축(長軸)을 따라가면서 포착하는 행동을 보여준다. 이것을 본능행동이라고 하는데, 이 행동을 일으키는 뇌의 기능을 해석한다는 것은 음원 인지에 의한 행동을 포착하는 데 매우 큰 도움이 된다.

올빼미의 뇌에는 음원을 정위할 수 있는 구조가 있고, 동시에 바깥쪽에 있는 귀도 파라볼라 안테나와 같은 형상을 하고 있어 좌우의 소리 차이를 정확하게 인식할 수 있는 기능적인 형태를 갖고 있다(그림 15 - 3).

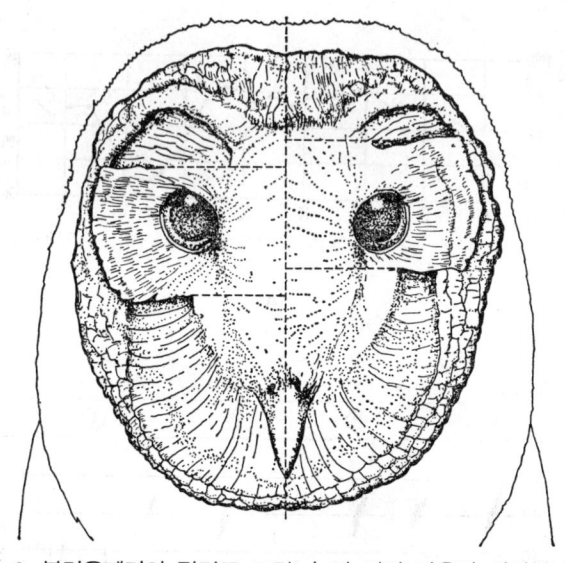

그림 15 - 3. 복면올빼미의 정면도 그림. 눈과 귀가 좌우의 위치가 다르다.
얼굴 전체의 털도 파라블라 안테나 같은 구조를 하고 있다.

이 올빼미의 행동은 본능행동이지만, 학습의 누적에 의하여 완성되는 매우 복잡하고 교묘한 행동이다.

이와 같은 행동을 일으키는 복잡한 메커니즘을 세포 수준에서 포착하고, 나아가서는 어떠한 화학물질의 개재에 의하여 효과적인 행동으로서 발현하느냐 하는 것이 현재의 주요 연구테마로 되어 있다. 이미 고니시 등은 새로운 면역항체법에 의하여 특정의 뇌신경영역을 동정하고, 그것을 염색하여 냄으로써, input에서부터 output까지의 뉴런(신경세포) 회로로서의 경로가 형성되는 메커니즘을 해명 중에 있다고 한다.

또 하나 박쥐의 청각에 관한 뇌와 행동에 관한 연구도 흥미롭다. 박쥐의 청각은 초음파의 세계이며, 그들은 통상의 음원정위 외에 초음파에 의한 메아리 정위(echo location : 반향위치정위)를 하고 있

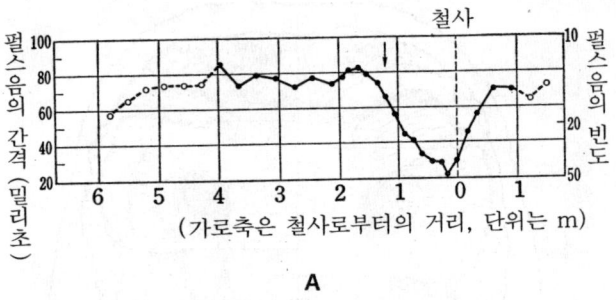

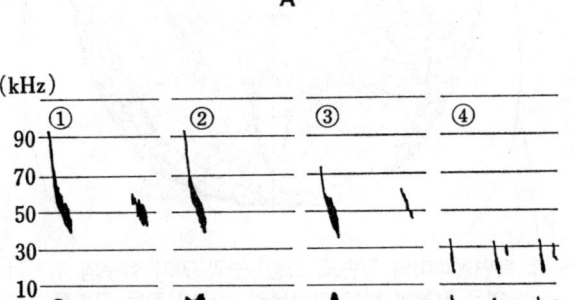

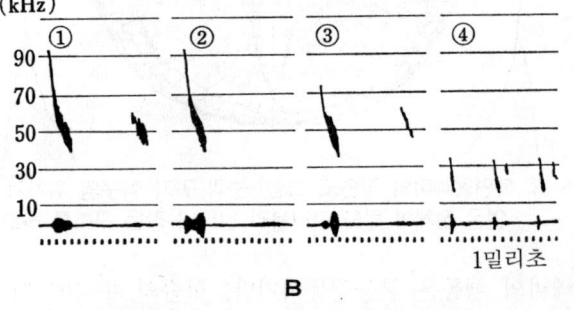

그림 15-4. 그림 A는 갈색박쥐가 철사울타리를 통과할 때에 내는 펄스
음의 빈도(철사의 굵기는 0.46mm). 그림 B는 펄스 음의
소나그램과 그 파형. 각 펄스 음은 주파수변조되어 있어, 주
파수가 높은 쪽에서부터 낮은 쪽으로 바뀌어진다.

다(그림 15-4). 말하자면 레이더 기구를 갖추고 있는 셈인데, 이것
에 관여하고 있는 청각의 뇌 부위가 동정되어 있으며, 야외의 먹이인
벌레를 잡기까지의 과정을 신경정보로서 전기적으로 기록할 수가 있
다.

이상과 같은 행동과 뇌신경의 기능관계를 정밀하게 조사함으로써
장래에는 사람의 정신활동적인 것을 해명하는 실마리가 잡힐지도 모
른다. 우리는 그러한 낙관적인 생각으로 연구를 하고 있는 것이다.

한편, 물리학 출신의 연구자들은 행동을 물질적인 면에서부터 포

착하기 때문에 보다 단순한 실험계를 사용하여 연구를 추진하고 있다.

이를테면 미국의 간사 스텐트는 거머리가 헤엄칠 때에 보여주는 파도두들기기 운동이 어느 정도의 신경세포에 의하여 지배되고 있는가를 조사하여, 그 뉴런 네트워크를 밝혀내고 있다. 또 영국의 도니 브렌나는 선충을 사용하여 신경세포의 조합이 어떤 발생순서에 의하여 만들어지는가, 또 그들 신경세포가 어떠한 물질을 매개하여 서로 인지하고 있는가 등에 대하여 연구를 추진하고 있다.

이들 연구는 단순한 계에서 행동과 뇌신경에 관한 요소적인 원리를 발견하려는 것으로서 현재의 첨단적인 작업으로서 주목된다.

앞으로 '뇌와 행동'의 연구가 진전됨에 따라서, 그것에 따라서는 새로이 모르는 일도 나타날지 모른다. 그러나 멀지 않아 정신의 해명으로 이어지는 연구성과가 반드시 이 분야의 연구로부터 얻어질 것이다.

기본용어 해설

[ㄱ]

가벼운 사슬(輕鎖 : light chain) L 사슬이라고도 한다. 단백질이 크고 작은 폴리펩티드 사슬로 구성되어 있을 때 그 작은 쪽을 말한다.

간세포(幹細胞 : stem cell) 증식, 분화하여 특정 조직세포의 계열을 만드는 최초의 미분화 세포.

게놈(genome) 염색체의 완전한 한 세트. 세포가 갖고 있는 유전정보의 총체.

구조유전자(stuructural gene) 단백질의 아미노산 배열을 결정하거나, m RNA나 t RNA 합성의 주형이 되는 염기배열.

기질(基質 : substrate) 효소의 작용을 받아서 화학변화를 일으키는 물질, 또는 대사(代謝)의 출발 물질.

[ㄴ]

뉴클레오솜(nucleosome) 구상(球狀) 입자로서 DNA와 히스톤(histone)의 복합체. 크로마틴의 구성단위

뉴클레오시드(nucleoside) DNA와 RNA의 구성성분. 염기와 리보오스 또는 디옥시리보오스가 결합한 작은 분자.

뉴클레오티드(nucleotide) DNA와 RNA의 구성단위. 염기와 당과 인산으로부터 구성된다.

[ㄷ]

단백질(protein) 많은 아미노산이 연결되어 이루어진 고분자화합물. 단백질의 성질은 이 아미노산의 배열에 따라서 결정된다. 모든 생물에 존재하여 그 생명체를 유지하는 중심적인 역할을 한다.

도메인(domain) 영역, 부분이라는 뜻. 단백질이나 핵산의 구조

일부.

DNA 디옥시리보핵산. 유전정보의 담당자로서 세포 내에 있는 고분자물질. 아데닌(A), 구아닌(G), 티민(T), 시토신(C)의 4가지의 염기와 디옥시리보오스(당의 일종)와 인산을 구성성분으로 한다. 4가지 염기 중 A는 T와, G는 C와 항상 상보적으로 쌍을 만든다. 이 염기의 배열방법(염기배열)이 단백질 합성의 정보가 된다.

[ㄹ]

라이소자임(lysozyme) 세균의 세포벽의 항삼투압작용(抗滲透壓作用)을 상실시켜서 균을 녹이는 효소. 세포벽의 화학구조 연구에 사용된다.

리보솜(ribosome) 세포 내의 작은 과립(顆粒). 단백질합성의 장(場).

리보오스(ribose) 당의 일종. RNA의 구성성분.

레트로바이러스(retrovirus) 역전사효소를 갖는 RNA형 바이러스라는 뜻. 유전자로서 RNA를 가지며, 감염세포 내에서 바이러스가 갖는 역전사효소에 의하여 DNA로 전사되고, 세포의 염색체에 짜넣어져서 내재성(內在性) 바이러스(provirus)로 되는 것이 있다.

[ㅁ]

마커(marker : 마커 유전자) 표지로 되는 유전자.

마크로파지(macrophage) 대형 식세포(食細胞). 면역담당 세포의 하나로 생체에게는 이물인 입자나 체내의 노폐 세포를 포식한다.

메신저 RNA(mRNA : 전령 RNA) 단백질합성에 필요한 DNA의 염기배열을 걸머진 RNA.

면역 글로불린(immunoglbulin) 생체의 면역반응의 주역이 되는 항체.

면역반응(免疫反應 : immune reaction) 이물질을 배제하는 생체

기본용어 해설 *203*

방어 메커니즘.

모노클로날 항체(monoclonal antibody) 단클로항체. 단일항원에
만 반응하는 항체로서 세포융합에 의하여 만들어진다. 종전에 사
용되어 온 폴리클론항체와 비교하여 ① 특이성이 높은 순수한
항체. ② 균질인 제품이 만들어진다. ③ 대량생산이 가능하다는
등의 특징이 있다.

무거운 사슬(重鎖) 단백질이 크고 작은 폴리펩티드 사슬로 구성
되어 있을 때 그 큰 쪽을 가리킨다.

[ㅂ]

바이러스(virus) 세포를 숙주로 하여 자기증식을 하는 감염성 인
자. 유전자(DNA 또는 RNA)와 단백질의 복합체.

발현(發現) 유전자의 기능이 단백질합성 등에 의하여 발휘되는
것.

발현 벡터 DNA를 운반할 뿐 아니라 DNA의 유전정보를 숙주세
포 속에서 발현하도록 개변한 재조합 플라스미드.

번역(飜譯 : translation) DNA의 코드를 전사한 메신저 RNA의
염기배열이 리보솜 위에서 아미노산 배열로 변환되는 과정을 말
한다.

변성(變性) DNA나 단백질의 분자구조가 변화하여 생물활성을
상실하는 일.

벡터(vector) '운반꾼'이라는 뜻. 재조합 DNA 기술에서 외래성
DNA의 도입, 복제, 발현에 사용된다.

보체(補體 : complement) 약 20종류가 있는 혈청단백질의 총
칭. 면역반응이나 알레르기반응의 매개물질로서 중요한 역할을
갖는다.

B림프(임파)구(B lymphocyte) 항체를 생산하는 림프구. 포유
동물에서는 골수(bone marrow)에 유래하기 때문에 이 이름이
있다.

[ㅅ]

상보 DNA(cDNA) 메신저 RNA의 역전사에 의하여 만들어진 DNA.

상보성(相補性) 고차구조를 갖는 분자가 수소결합에 의하여 서로 보충하는 성질.

생리활성물질(生理活性物質) 생체 내의 대사반응을 조절하는 물질을 가리키는 데 금속이온은 제외한다.

세컨드 메신저 세포 이외로부터 호르몬이나 신경전달물질 등의 퍼스트 메신저에 의하여 전달된 정보를 세포 내로 전달하는 기능을 하는 화학물질.

세포융합(細胞融合 : cell fusion) 두 세포를 융합시켜서 양쪽 형질을 갖는 잡종세포를 만드는 일.

수소결합(hydrogen bonding) 수소원자와 질소 등의 원자 사이에서 일어나는 약한 결합.

시그널 펩티드(signal peptide) 단백질이 세포막을 통과하는 메커니즘에 관계하는 말단의 아미노산 배열.

스플라이싱(splicing) DNA의 염기배열을 전사한 메신저 RNA에 있는 불필요한 부분을 잘라내는 반응을 말한다.

[ㅇ]

아미노산 단백질의 구성물질. 아미노기와 카르복실기를 갖는다. 20종류가 있다.

RNA 리보핵산. 메신저 RNA(m RNA), 전이 RNA(t RNA), 리보솜 RNA(r RNA)의 세 종류가 있다.

암유전자(oncogene) 발암에 밀접하게 관계하고 있는 유전자. 종양유전자.

S-S 결합 디술피드결합(disulfide bond)이라고도 부른다. 단백질분자의 입체구조의 결정이나 안정화에 중요한 '가교결합'(架橋結合)의 가장 대표적인 것의 하나.

엑손(exon) DNA 염기배열 중 최종적으로 아미노산 배열로 번

역되는 부분.

역전사효소(逆轉寫酵素 : reverse transcriptase) RNA를 주형으로 하여 DNA를 합성하는 효소.

염기(鹽基 : base) 핵산의 구성성분의 하나. 아데닌(A), 티민(T), 구아닌(G), 시토신(C), 우라실(U).

염색체(染色體 : chromosome) 세포분열 중에 나타나는 색소에 잘 물드는 막대모양의 구조체. DNA와 단백질의 복합체.

원핵생물(原核生物 : prokaryote) 핵막을 갖지 않고 형태적으로 명확한 핵을 갖지 않은 생물. 박테리아 등이 이것에 해당한다.

유전자(遺傳子 : gene) 유전적 성질(형질)의 결정인자.

유전자 뱅크 어떤 생물 전체의 DNA를 적당한 길이로 절단하여 단편으로 만들고, 플라스미드나 파지에 삽입한 한 세트.

유전자의 다형(多型) 유전자가 개인에 따라서 미묘하게 틀리는 것.

인터페론(interferon) 항(抗)바이러스 작용을 갖는 당단백질.

인트론(intron) 엑손(exon)과 엑손 사이에 개재하는 염기배열.

[ㅈ]

자기항체(自己抗體 : autoantibody) 생체 내의 구성물질에 대하여, 그 생체의 항체를 만드는 세포가 생산한 항체.

작동유전자(作動遺傳子 : operator gene) 구조유전자를 기능하게 하기 위한 DNA의 부분. 작동부분이라고도 부른다.

재조합(再組合 : recombination) 다른 DNA 분자 사이에서의 DNA의 교환.

재조합 DNA(recombinant DNA) 인공적으로 만든 이물의 생물에 유래하는 DNA의 복합체.

전구물질(前驅物質 : precursor) 선구물질(先驅物質). 일반적으로 생합성 경로에서 어떤 물질보다 전단계에 있는 물질을 모두 그 물질의 전구물질이라고 한다. 이를테면 포도당은 글리코겐이나 젖산이 전구물질이다.

전사(轉寫 : transcription) DNA의 염기배열을 RNA의 염기배

열로 배끼는 것.

전이 RNA(t RNA)　단백질 합성 때의 암호해독을 하는 분자. 메신저 RNA의 정보를 해독하여 그것에 대응하는 아미노산을 운반한다.

제미니바이러스(Geminivirus)　고리모양의 외가닥사슬 DNA 2분자를 갖는 식물바이러스.

제한효소(制限酵素 : restriction enzyme)　DNA를 일정한 염기배열인 데서 절단·분해하는 효소.

진핵생물(眞核生物 : eucaryote)　명확한 핵을 갖는 세포 또는 개체. 동물, 식물, 미생물(세균을 제외).

[ㅋ]

칼루스(callus)　식물세포나 조직을 배양하는 과정에서 생기는 부정형(不定形), 미분화의 세포덩어리.

카테콜아민(catecholamine)　호르몬이나 신경전달물질로서 작용하는 아민류.

코드(code)　유전암호. 단백질의 길이와 아미노산 배열을 결정하고, 유전정보를 담당하는 암호.

코스미드(cosmid)　벡터의 일종으로 가장 긴 DNA를 운반하는 능력을 가졌다. 플라스미드와 파지의 중간 성격을 지닌다.

크로마틴(chromatin)　세포핵 내에 존재하는 DNA와 단백질(더욱 미량의 RNA)의 결합체.

클로닝(cloning)　동일 유전정보를 갖는 DNA의 집단(클론)을 얻는 것.

클론(clone)　한 개의 세포 또는 개체로부터 분열증식에 의하여 생긴 자손을 통틀어 일컫는다. 이들은 유전정보가 동일하다.

키메라(chimaera)　둘 이상의 다른 유전자형의 세포 또는 다른 종의 세포로부터 만들어진 하나의 생물개체.

킬러 T세포　T 림프구 중 병원체나 종양세포를 파괴하는 기능을 가진 세포.

[ㅌ]

트랜스포손(transposon) 움직이는 DNA 염기배열. 염색체 속을 이동하여 무질서하게 삽입된다.

[ㅍ]

파지(phage) 박테리아에 감염되는 바이러스. 이른바 박테리오파지.

펩피드(peptide) 소수의 아미노산이 연결된 것.

폴리펩티드(polypeptide) 수많은 아미노산이 연결된 것. 단백질과 동의어.

푸르키니에세포(purkinje cell) 소뇌피질에 있는 억제 뉴런. 그 신경전달물질은 감마아미노낙산(GABA)이다.

프로모터(promoter) DNA의 전사 시작을 조절하는 DNA 염기배열.

프로브(probe) 탐색자(探索子). 하이브리드 형성 때 외부로부터 가하는 표지된 기지(旣知)의 DNA.

프로토플라스트(protoplast) 효소 등에 의하여 세균이나 식물세포의 세포벽을 완전히 제거한 것.

프롤린(proline) 아미노산의 일종. 단백질의 성분. 콜라겐이나 젤라틴에 많이 함유된다.

플라스미드(plasmid) 염색체 바깥에 존재하여 자율적으로 불어나는 유전적 결정인자.

[ㅎ]

하이브리드(hybrid) 본래는 생물의 잡종, 혼혈이라는 뜻. 분자생물학에서는 외가닥사슬 DNA나 RNA 사이에서 서로 상보적인 염기배열을 이용하여, 인공적으로 두 가닥 사슬의 잡종 핵산분자를 형성하는 것을 가리킨다. 이것을 하이브리드 형성(hybridization)이라고 한다.

항원(抗原 : antigen) 생체에 침입하여 그 생체의 항체 생산을 촉진하는 물질. 또 암세포도 생체에게는 이물로 되어 항원을 생

산한다.

항원항체반응(抗原抗體反應 : antigen-antibody reaction) 항원과 항체 사이에 일어나는 반응으로서 생물체의 자기방어기능의 하나. 항체는 그 항체의 생산을 일으킨 항원에만 반응한다.

항체(抗體 : antibody) 생체 내에 침입한 항원과 결합하여 배제하는 면역성 단백질.

핵(核 : nucleus) 세포내 기관. 염색체 DNA를 함유하고 이 중의 핵막에 의하여 세포질로부터 격리되어 있다.

핵산(核酸 : nucleic acid) DNA와 RNA. 당과 인산, 유기염기로써 이루어진다.

헤어핀 구조 DNA(또는 RNA) 내의 상보적 배열이 만드는 구부러진 구조.

형질전환(形質轉換 : transformation) 플라스미드나 그것에 결합한 유전자를 포함하여 DNA 분자를 직접 세포로 도입하는 것.

호르몬(hormone) 내분비세포나 일부 신경세포로부터 분비되고, 체액에 의하여 다른 세포로 그 정보를 전달하는 물질.

효소(酵素 : enzyme) 특정 화학반응을 촉진하는 촉매작용을 지닌 단백질.

히스톤(histone) 진핵생물의 DNA에 결합하는 염기성 단백질로서 DNA와의 결합으로 뉴클레오솜을 구성한다.

바이오테크놀러지의 세계
― 지금 무엇을 겨냥하고 있는가?―

1995년 5월 20일 인쇄
1995년 5월 30일 발행

역 자 손 영 수
발행인 손 영 일
발행소 전파과학사

서울시 서대문구 연희2동 92-18
TEL. 333-8877·8855
FAX. 334-8092   1956. 7. 23. 등록 제10-89호

공급처 : 한국출판 협동조합
서울시 마포구 신수동 448-6
TEL. 716-5616~9
FAX. 716-2995

● 판권 본사 소유   ● 파본은 구입처에서 교환해 드립니다.
                        ● 정가는 커버에 표시되어 있습니다.

ISBN 89-7044-559-5 03470